KB166433

미슐랭을 탐하다

국립중앙도서관 출판시도서목록(CIP)

미슐랭을 탐하다 : 폴 보퀴즈에서 단지까지 / 유민호 지음. -- 파주
: 효형출판, 2012
p. ; cm

ISBN 978-89-5872-109-3 03590 : ₩15000

맛집

594.019-KDC5
641.013-DDC21 CIP2012001084

미슐랭을 탐하다

폴 보퀴즈에서 단지까지

유민호 지음

효형출판

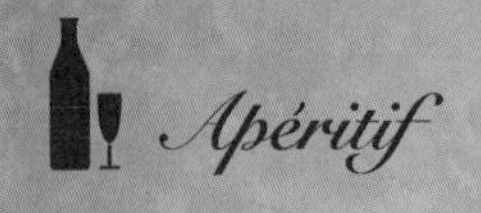

단
한 번뿐인
인생

"1900년 첫 선을 보인 미슐랭 가이드는 앞으로 적어도 100년은 갈 것이다. 프랑스를 여행하는 분들께 유용한 정보를 제공하기 위해 만든 이 책은 자동차를 타고, 고치고, 호텔에 머물며 식사를 하고, 편지를 보내고 전보나 전화를 하는 여행객들을 위한 모든 정보를 담고 있다."

≪미슐랭 가이드≫ 서문에서

≪미슐랭 가이드≫. 붉은색 커버에 가로 10센티가 조금 넘는 크기, 주머니에 쏙 들어가는 총 399쪽의 이 책은 창간호로 3만 5000부를 찍었다. 당시 프랑스 신문사의 하루 발행 부수보다 많았다. 미슐랭 가이드 제작진은 20세기에 닥칠 새로운 변화를 이렇게 예언하였다.

"자동차는 지금 막 탄생했지만, 차가 있는 한 타이어는 계속 필요하다. 자동차와 타이어는 함께 발전할 것이다. 그 곁에는 늘 미슐랭 가이드가 있을 것이다."

미슐랭 가이드가 출간된 지 110여 년이 넘은 21세기에도 그 예언은 여전히 유효하다. 타이어를 팔기 위한 선전 수단에 불과했던 이 책은 레스토랑과 호텔에 관한 세계 최고의 정보지로 자리매김했다. 자칭 미식가라면, 한 권에 4만 원이 넘는 미슐랭 가이드를 들고 레스토랑을 순회하는 게 일상이 되었다. 그 어떤 음식 관련 평가 책도 따라갈 수 없는 프랑스의 자존심인 셈이다.

레드가이드는 추천할 만한 레스토랑을 1스타, 2스타, 3스타 그리고 미슐랭 타이어의 상징인 비벤덤 얼굴 표시의 네 종류로 나누어 구분하고 있다. 평가 기준과 세부 내용을 살펴보자.

3스타 : 아주 특별한 요리. 일부러 여행을 해서라도 먹을 만한 가치가 있는 요리. 언제나 최고의 음식을 먹을 수 있는 곳. 좋은 와인과 흠잡을 데 없는 서비스, 최상의 분위기를 갖춘 레스토랑으로, 식사 비용에 대해서는 전혀 불만이 나올 수 없는 곳.

2스타 : 훌륭한 요리. 한번 찾아가봄 직한 특별한 요리와 와인이 있는 곳. 가격은 납득할 만한 수준.

1스타 : 같은 계열의 레스토랑 가운데 좋은 범위에 들어가는 곳. 여행 중 지나는 길목에 있다면 들러서 식사를 할 만한 곳. 가격은 합리적인 수준.

비벤덤 : 가격에 비해 맛이 뛰어난 대중적인 곳. 분위기나 친절도가 최상은 아니지만, 가격 대비 음식의 수준은 탁월한 곳.

이 글은 레드가이드가 보장하는 맛과 인생의 행복을 좇아 기록한 것이다. 미슐랭이 보장하는 전 세계 레스토랑을 돌아다니며 먹고, 느끼고, 즐긴 내용을 담고 있다. 또한 미슐랭의 평가를 받지 못했지만 맛이나 분위기만큼은 미슐랭 레스토랑 못지않은 숨은 맛집도 함께 다루었다.

미슐랭이라는 키워드로 음식을 조명한다는 데 반감을 갖는 사람도 있을 것이다. 무디스나 모건 스탠리가 국가의 신용 등급을 멋대로 결정하는 데 대한 반발 심리와 비슷한 것이다. 물론 미슐랭이 전부 옳다고 말할 수는 없지만, '좋은 게 좋다'는 식의 어정쩡한 평가는 결코 누구에게도 도움이 되지 않는다. 비교되고 평가되고 철저히 객관화돼야만 한다. 음식만이 아니다. 주변에 널린 있는 '우리', '전통', '민족'이란 이름으로 우상화되고 있는 수많은 편견과 아집 또한 검증 받아야 한다. 우리가 알고 있는 한식이 세계 최고의 음식이라 주장할 수는 있다. 문제는 다른 사람과의 관계다. 통하지 않으면 고립될 수밖에 없다.

세상은 넓다. 할 일도 많지만, 먹을 것도 넘칠 정도로 많다. 음식만큼 새로운 시도나 도전, 그리고 변화가 잦은 분야도 드물다. 보다 아름답고 자유롭게 살기 위해 혀와 입을 열라. 진리만이 사람을 자유롭게 하는 것은 아니다. 혀 또한 우리를 고정된 감각에서 벗어나게 한다.

이탈리아 토스카나 피엔자에서

2012년 1월

유민호

Le Menu

Apéritif

Part 1. Entree

Part 2. Plat

Part 1. Entree

레드가이드의 탄생

신화 창조의 시작

"레드가이드는 정확하게 여행 목적지를 찾아가려는 자동차 운전자들을 위한 지침서다." _≪미슐랭 레드가이드≫ 1900년 1호에서

레드가이드는 창간호에서 자동차 여행이란 키워드를 통해 신흥 부르주아와 파리의 지식인을 위한 여행 안내 책이라는 점을 명확하게 밝혔다. 그 예상은 적중했다. 창간 즉시 여행 필수품으로 자리 잡았다. 그러나 창간호의 내용은 오늘의 레드가이드와는 전혀 달랐다. 레스토랑 평가 대신 자동차 정보가 풍성했다. 타이어를 어떻게 갈아 끼우고 수리를 할 수 있는지, 수리 비용은 얼마인지 등이 주내용이었다.

레드가이드의 캐릭터, 비벤덤

레드가이드의 역사를 다룰 때 미슐랭을 상징하는 캐릭터인 비벤덤은 빠진 적이 없다. 1894년 리옹에서 열린 자동차 박람회에 참석한 미슐랭 형제는 타이어가 차곡차곡 쌓인 모습을 보고 팔과 다리를 붙이면 사람 모습이 되겠다는 생각을 했고, 바로 화가에게 부탁하여 지금과 같은 상징물을 만들어냈다. 비벤덤이 프랑스인들에게 널리 알려진 계기는 1898년 배포된 대형 포스터를 통해서였다. 이 포스터에서 비벤덤은 못과 깨진 유리, 금속 조각이 가득 담긴 술잔을 들고 "Nunc est bibendum"(지금은 건배할 시간)을 외치고 있다. 여기서 '건배'란, 미슐랭 타이어는 자동차를 운전하면서 만나게 되는 도로 위의 갖가지 장애물을 한순간에 마셔버리듯이 전부 해결할 수 있다는 뜻이다.

그러나 이 캐릭터는 그때까지만 해도 이름이 없었다. 처음 비벤덤이라 불린 것은 1898년 가을에 열린 파리와 암스테르담을 잇는 왕복 자동차 경주에서였다. 유명한 자동차 레이서였던 테리는 미슐랭 형제를 보고 "저기 비벤덤(건배 형제들)이 지나간다"라고 말했는데, 이후 타이어 상징물을 비벤덤이라고 부르게 되었다. 비벤덤은 미슐랭 타이어를 선전하기 위해 만들었지만, 레드가이드를 알리기 위해서도 활용되었다. 비벤덤이 레드가이드에 등장한 것은 1902년이며, 이후 레스토랑 평가 기준으로 별과 함께 비벤덤의 얼굴이 표시되었다.

레드가이드의 스타 탄생

레드가이드의 하이라이트는 별로 표시되는 레스토랑 평가다. 별이 처음 등장한 것은 1923년이다. 레스토랑을 크게 무난^Modest^, 평범^Average^, 최상급^First Class^으로 나누어 각각 1스타, 2스타, 3스타로 표시했다. 초기에는 미슐랭 스스로 결정한 것이 아니라 편지를 보내온 사람들의 의견을 종합해서 만들었다. '레스토랑을 방문했던 사람들에 따르면'이라는 수식어를 달아서. 미슐랭이 독자적으로 레스토랑을 평가하기 시작한 것은 1926년부터였다. 등급은 다섯 단계로 세분하였다. 최고 수준인 퍼스트 레스토랑은 2스타와 점 세 개, 매력적인 레스토랑은 2스타와 점 두 개, 요리 솜씨로 유명한 레스토랑은 2스타와 점 하나, 보통 수준은 2스타, 심플한 레스토랑은 1스타. 당시의 레스토랑 평가가 단순히 '도로변에 있는' 맛있는 레스토랑을 소개하는 수준에 불과했던 데 반해, 레드가이드는 공정하고 객관적인 평가를 내림으로써 단숨에 최고의 권위를 갖게 되었다. 미슐랭사의 임직원들이 자주 찾는 공장 인근의 레스토랑도 예외가 될 수는 없었다. 오히려 이러한 냉정함이 미식가들의 찬사를 불러일으켰다. 따라서 파리의 유명 레스토랑이 미슐랭의 평가에 민감하게 반응한 것은 당연하다.

오늘날과 같은 3개의 등급으로 자리 잡은 것은 1933년의 일이다. 가장 높은 3스타는 "이 레스토랑은 대적할 만한 상대가 없다. 프랑스 음식의 정수이며 음식, 와인, 서비스 모든 것이 완벽하다. 결코 가격이 문제 될 수 없다"고 표현했다. 1933년 발표된 3스타 레스토랑은 전부 20개였는데, 이 중 루카 카르통과 툴 달쟌은 아직까지도 건재하다. 1937년에는 레스토랑 평가와 함께 특별히 제작한 지도를 레드가이드에 삽입했다. 레스토랑을 쉽게 찾을 수 있도록 하기 위해서였다. 1939년에 이르러 보르도 지방을 제외한 프랑스 전역의 레스토랑이 3개로 이뤄진 스타 등급으로 표준화되었다. 당시 3스타를 받은 레스토랑의 비중은 파리가 8할, 지방이 2할 정도였다. 이 비율은 지금도 크게 변화가 없다.

미슐랭 스타 등급의 원조는 독일?

미슐랭의 대명사로 알려진 스타 등급은 이미 레스토랑과 호텔을 평가하는 상징으로 일반화돼 있었다. 그 출발은 독일의 여행 안내 책 ≪베데커Baedeker≫다. 1932년 칼 베데커가 창간한 베데커는 라인 강 주변의 명승지와 레스토랑, 호텔의 수준을 2스타와 1스타로 나눠 설명했다. 19세기말부터 프랑스 잡지들도 베데커를 흉내 내어 호텔과 레스토랑 평가를 스타로 표시했다. 그러나 같은 스타를 써도 미슐랭은 남달랐다. 우선 미슐랭은 레스토랑과 호텔을 전부 체계적으로 조사한 뒤 전체적인 차원에서 상대 비교를 통해 스타를 결정하였다. “반드시 돈을 주고 식사를 하며, 비밀리에 행한다”는 원칙 또한 미슐랭만의 차별점이다.

미슐랭 스타는 어떻게 결정하는가?

레스토랑을 평가하는 첫째 요소는 음식이다. 맛있는 음식이 아닌 ‘좋은 음식’이 스타를 결정한다. 그러나 ‘좋은 음식’에 대한 판단은 지극히 주관적이다. 따라서 미슐랭은 주관적인 판단을 객관적인 정보로 바꾸기 위해 전문 조사관들을 수시로 레스토랑에 파견한다. 조사관은 동일 인물이 아닌 다른 인물을 보내 서로 비교 분석하도록 한다. 현재 미슐랭은 추천할 만한 레스토랑을 1스타, 2스타, 3스타, 그리고 비벤덤의 얼굴로 표시하는 빕 구르망의 4종류로 구분하고 있다. 비벤덤은 1997년부터 등장했는데, 주로 가격이 비교적 저렴하고 분위기나 전통이 다소 부족한 지방 식당을 대상으로 삼는다.

미슐랭하면 가장 먼저 떠올리는 건 역시 스타 등급에 오른 곳이다. 미슐랭은 그 차이를 세분하여 설명하고 있다. 한편 미슐랭은 스타의 수를 결정하는 구체적인 기준은 설명하지 않는다. 특정한 맛, 서비스, 분위기를 내세우지 않고, 일반적인 설명을 곁들일 뿐이다.

3스타 레스토랑은 하늘의 별따기

미슐랭이 가장 중시하는 평가 대상은 3스타 레스토랑이다. 3스타가 갖는 특별한 권위와 가치 때문이다. 그렇다면 3스타 레스토랑은 어떤 의미를 갖는가? 프랑스 외식 산업의 전체 규모는 2010년 기준으로 연간 약 450억 달러에 달한다. 프랑스 전역에 흩어진 레스토랑의 수는 전부 16만 5000개 정도이다. 2011년 2월 발표한 프랑스 레스토랑의 미슐랭 평가 결과를 보면, 3스타가 10개, 2스타가 16개, 3스타가 53개이다. 미슐랭 스타를 하나라도 갖고 있는 레스토랑은 79개이다. 비율적으로 볼 때 미슐랭 스타는 2000분의 1의 경쟁을 뚫어야 얻을 수 있다. 3스타는 1만 6000분의 1의 경쟁에서 이겨야 한다. 프랑스 관광 당국은 미슐랭의 스타 레스토랑이 벌어들이는 연간 전체 수입이 약 6억 달러 정도일 것으로 보고 있다. 미슐랭 스타 레스토랑의 수는 프랑스 전체 레스토랑의 0.05퍼센트에 불과하다. 그러나 수입은 전체 레스토랑의 약 1.3퍼센트를 차지한다. 산술적으로 비교하면 미슐랭 스타 레스토랑은 일반 레스토랑 보다 22배 이상의 수입을 보장하는 곳이다. 한편 고급 레스토랑의 수입 가운데 3스타 레스토랑이 차지하는 비율이 정확히 어느 정도인지에 대한 확실한 통계는 없다. 그러나 프랑스 요리 잡지들은 대략 연간 약 1억 달러 정도이리라고 추정하고 있다. 3스타 레스토랑이 10개라는 점을 감안할 때 한 곳당 1년간 천만 달러, 곧 대략 하루에 3만 달러 정도를 벌어들이는 셈이다.

미슐랭은 모든 레스토랑에 평등한 기회를 보장하지 않는다. 100년 이상 책을 내면서 쌓은 노하우가 있기 때문이다. 모든 레스토랑을 돌아다닐 수 없는 한계 또한 있다. 미슐랭은 시간 절약을 위해 방문 횟수를 이미 평가한 레스토랑 등급에 따라 차등하여 실시하고 있다. 일반적으로 조사관 한 사람당, 1스타와 2스타는 평균 3년에 한 번, 3스타는 일 년에 한 번은 비밀리에 찾아간다. 3스타는 조사관이 방문한 뒤 그 의견을 들은 편집장이 레스토랑에 직접 편지를 띄워 방문 사실을 알린다. "최근 당신의 레스토랑을 방문한 조사관들과 회의를 했습니다. 어떤 결론이 날지 모르겠지만 우리는 당신의 레스토랑을 계속 주목할 것입니다"라는 내용을 담는다. 1스타, 2스타 레스토랑에는 편지를 보내지 않는다. 편지 내용을 보면 조사관과 편집장이 서로 토론을 하면서 3스타를 결정하는 것처럼 보이지만 사실은 그렇지 않은 경우가 많다. "미슐랭의 문에 들어서는 순간 민주주의는 없다"는 불문율 때문이다. 미슐랭의 체계는 톱 투 다운, 곧 위에서 아래로 일방적으로 결정하는 스타일이다. 3스타 레스토랑의 경우 직접 음식 맛을 본 조사관이 평가 보고서를 올리지만, 편집장과 외부의 의견을 더욱 강하게 반영하여 결정한다. 조사관들조차 3스타 레스토랑의 평가는 자신들의 판단 영역에서 벗어나 있다고 본다. 단지 객관적인 사실을 전할 뿐이다.

3스타 레스토랑은 센트 클럽에서 만들어진다?

> "우리는 닭고기 수프조차 만들 줄 모르는 나라에서 수입되는 갖가지 천박한 재료들로부터 프랑스 음식을 지키기 위해 클럽을 조직하였다."
>
> _센트 클럽 창설 발기문에서

센트 클럽은 프랑스 문화의 핵심이자 프랑스 엘리트들이 모이는 곳으로 유명하다. 미슐랭 편집장 또한 이곳에서 유명 요리사나 유력 인사들과 수시로 만나 이야기를 나눈다. 이 클럽은 1912년 언론인 루이스 포리스트가 주도하여 만든 단체다. 프랑스의 유력 인사 100여 명을 회원으로 선발한 뒤, 프랑스 전국에 흩어져 있는 맛있는 레스토랑을 돌아다니며 음식과 대화를 즐겼다. 포리스트는 클럽 멤버들과 함께 지방 레스토랑을 평가한 후 그 결과를 회원들에게 알렸다. 파리 상류층에 속해 있던 미슐랭 형제는 당시 포리스트에게 클럽 가입을 요청 받았다. 미슐랭 형제는 그 제안을 흔쾌히 받아들였다. 이후 많은 친구들을 사귀면서 레스토랑에 대한 구체적인 정보를 수집하여 레드가이드에 반영하기 시작했다.

100명의 회원은 창립 90년이 지난 지금도 매주 한 번씩 파리 모처에서 만난다. 공개적인 행사는 피하기 때문에 취재는 불가능한 것으로 알려져 있다. 회원 중에는 요리사 폴 보퀴즈와 철학자 장 프랑시스 레벨도 포함되어 있다. 다른 프랑스 상류사회의 모임처럼 기존 회원의 엄격한 추천에 의해서만 가입이 가능한 극도로 폐쇄적인 클럽이다. 과연 이들이 자격이 있는지에 대해 약간의 논란이 있기는 하지만, 오랜 역사와 전통만으로도 3스타 레스토랑을 판단할 능력과 자격이 충분하다는 것이 일반적인 평가다. 실제로 회원들은 조사관의 판단을 뛰어넘어, 여러 경로를 통해 레스토랑에 대한 의견을 전달한다. 거만한 간섭이 아니라, 프랑스의 전통을 지키려는 마음에서 우러나오는 순순한 의도로.

3스타 보다 더 사랑 받는 1스타와 2스타

조사관의 목소리가 강하게 반영되는 곳은 3스타가 아니라 1스타와 2스타 레스토랑이다. 또한 독자들의 의견도 크게 반영한다. 미슐랭은 보통 1년에 10만 부의 편지를 받는다. 편지 봉투는 독자가 쉽게 보낼 수 있도록 레드가이드 안에 동봉되어 있다. 가격, 준비 상태, 맛, 안락함, 서비스 등에 대해 매우 좋음, 좋음, 보통, 좋지 못함으로 나누어 평가하도록 하고 있다. 객관식 질문 외에도 독자가 직접 의견을 적을 수도 있다. 조사관은 독자들의 편지를 토대로 방문할 레스토랑을 결정한다.

한 가지 흥미로운 점은, 음식 맛과 관련하여 1스타와 2스타가 3스타보다 우월하다고 느끼는 사람들이 많다는 점이다. 미슐랭 조사관들도 자신의 돈으로 식사를 할 경우 3스타보다 2스타나 1스타를 택하는 경우가 많다. 그 이유는 간단하다. 3스타를 선호하는 계층이 원천적으로 제한되어 있기 때문이다. 사실 어릴 때부터 고급 음식을 즐기거나 그 분위기를 만끽할 수 있는 사람은 소수이다.

미슐랭 평가 조사관 중에 40대가 드문 까닭

2011년 기준으로, 프랑스를 담당하는 미슐랭의 조사관은 5명 내지 50명 정도인 것으로 알려져 있다. 숫자를 확정하지 않은 이유는 어떤 기준으로 나누느냐에 따라 달라지기 때문이다. 조사관 중에는 아침부터 저녁까지 일주일 내내 일하는 이들이 있는 반면, 외교가나 예술가 출신으로 불규칙하게 일하는 사람도 있다. 정식 직원이라 불리며 현장에 매일 출근하는 조사관은 10명 정도다.

조사관의 대부분은 요리 학교를 다녔거나, 레스토랑이나 호텔에서 일한 경력이 있는 사람들이다. 특별한 시험을 거쳐 미슐랭에 입사하는 것은 아니다. 편집장이나 기존의 조사관이 일하는 과정에서 만나 추천함으로써 일을 시작한다. 음식 맛을 테스트하기 위한 특별 훈련이나 와인을 고르는 능력에 관한 훈련 같은 것도 따로 받지 않는다. 입사 후 3개월 동안 보고서 작성 요령이나 평가 기준 등에 대해 간단히 오리엔테이션을 받을 뿐이다. 또한 미슐랭 조사관 하면 요리 외에도 미술이나 음악 등 문화 전반에 관한 학습을 받을 것 같지만, 실제는 그렇지 않다. 맛의 전문가가 아니라 여행자의 입장에서 그들을 대변할 뿐이다.

조사관 선발 기준은 편집장의 취향에 따라 다르다. 미슐랭은 레스토랑과 호텔을 직접 방문하여 정보를 캐는, 이른바 현장 중심의 조사를 수행한다. 기존의 레스토랑이나 호텔에서 일한 사람이 아닌, 음식과 전혀 관련이 없는 사람을 뽑기도 한다. 선발 기준이 크게 바뀐 것은 1990년대 중반부터다. 전직 대사나 사장과 같은 유명인을 선발하기 시작했다. 레스토랑에 가서 직접 정보를 얻어내기보다 상류층 사람들과의 접촉을 통해 의견을 주고받는 식으로 변한 것이다. 그 결과 고급 정보를 많이 갖고 있거나 정치, 미디어, 예술계와 접촉이 잦은 사람들이 중시됐다. 조사관 가운데 여성도 있지만 대부분은 남성이다. 아무리 맛있는 음식이라 하더라도 매일같이 레스토랑을 돌아다니며 먹고 평가하기란 힘들기 때문이다.

편집장은 평가 기준을 정하고 최종 결정을 하는 가장 중요한 자리다. 원래 조사관으로 일하다가 내부 승진을 하는 경우가 일반적이다. 1990년대 말 활약한 데릭 브라운은 영국인으로, 영국의 미슐랭 조사관으로 일하다가 프랑스의 미슐랭 편집장으로 발탁된 인물이다. 브라운 편집장은 조사관이 되기 전에는 홍콩과 싱가포르 등 아시아에서 음식 관련 사업을 했다.

조사관이 유명 인사 중심으로 바뀌면서 편집장도 외부에서 수혈되는 현상이 나타났다. 2004년 봄 편집장이 된 장-뤽 나레는 프랑스 남부 칸에서 호텔 경영자로 일하다 발탁된 인물이다. 2008년부터 편집장으로 일하는 줄리안 캐스퍼는 레스토랑 경영주로, 최초의 독일계이자 여성이라는 점에서 크게 주목을 받았다. 조사관은 프랑스의 전통과 역사를 만들어가는 자랑스러운 일을 한다는 자긍심이 대단하다.

그러나 미래가 불투명하기 때문에 중간에 그만두는 경우가 대부분이다. 또한 조사관은 익명으로 일하기 때문에 사회와 동떨어져 살 수밖에 없다. 더욱이 매일 음식을 먹고 장거리를 이동해야 하기 때문에 가족이나 친구 관계가 거의 단절된다. 음식 평가도 매일하다 보면 지치게 되고, 특히 호텔 평가를 위해 밖에서 잠을 자는 경우가 많기 때문에 개인 생활도 엉망이 된다. 칼로리 높은 음식을 매일 먹어야만 하기 때문에 성인병에 걸리는 조사관도 늘고 있다. 실제로 당뇨와 콜레스테롤 과다로 고생하는 조사관들이 많다. 조사관은 보통 5년에서 10년 정도 일을 하다가 그만두고 레스토랑 관련 사업을 시작한다. 40대를 넘어서 조사관으로 일하는 경우는 매우 드물다.

암행어사 출두 식으로 조사를 하지는 않는다

조사관은 크게 두 가지 일을 한다. 공개적인 일과 비밀스러운 일. 공개적으로 하는 일은 레스토랑 방문이다. 아침 9시부터 시작해서 밤 5시까지 이루어진다. 조사관은 미슐랭 명함을 갖고 다니면서 스스로 조사관임을 밝힌 뒤 레스토랑이나 호텔 내부로 들어간다. 조사관은 요리사나 매니저를 만난 뒤 대화를 나누면서 레스토랑의 수준을 평가한다. "어떤 요리를 주로 만드는가?" "장사는 잘 되는가?" "손님들에게 어떤 요리가 가장 인기가 있는가?" "재료는 어디에서 갖고 오는가?" 공개 방문은 조사관의 핵심적인 임무로, 업무의 80퍼센트 정도를 차지한다. 조사관은 자신의 존재만을 알릴 뿐 결코 음식을 먹지는 않는다. 보통 한 시간 늦어도 두 시간 정도만 머물다 나온다.

비밀 방문은 보통 점심이나 저녁 시간에 이루어진다. 누구에게도 알리지 않은 채 손님들과 똑같이 몰래 식사를 하면서 레스토랑을 평가한다. 혼자 갈 때도 있지만, 친구와 함께 가기도 한다. 물론 아무리 비밀이라 해도 이미 얼굴이 알려져 있기 때문에 완벽하게 자신을 숨길 수는 없다. 만약 조사관임이 밝혀지면 장소를 바꿔 멀리 떨어진 레스토랑을 방문한다. 비밀 방문에서 가장 중요한 것은 얼마나 좋은 음식을 준비하는가 하는 점이다. 좋은 음식이란 맛이 있고, 적당한 온도로 준비되어 있으며, 편안한 서비스와 분위기 속에서 먹을 수 있는 음식을 말한다. 서비스를 체크하기 위해 일부러 포크를 떨어뜨리거나 와인을 흘린 뒤 웨이터가 어떤 반응을 보이는지 살핀다는 소문이 있지만, 실제로 그런 일은 없다. 대부분의 조사관은 음식의 맛에만 주목할 뿐이다.

조사관은 공개 방문과 비밀 방문을 마친 다음 즉시 보고서를 작성한다. 보통 A4용지 한 장 정도의 분량이지만, 3스타 레스토랑은 4~5장에 이를 때도 있다. 편집장은 조사관들이 제출한 보고서를 검토한 후 연말 편집 회의에서 최종 결정을 내린다. 편집장은 회의에 앞서 3스타 가운데 등급이 떨어진 레스토랑의 요리사를 초대한다. 이 통보를 받은 요리사들은 '마치 소가 도살장에 끌려가는 것'과 같은 심정이 된다. 요리사는 어떻게 해서든 등급을 유지하고자 설득하지만, 편집장은 입을 닫은 채 요리사의 얘기를 들을 뿐이다. 구체적으로 어떤 이유 때문에 등급이 낮아졌는지를 밝히기 위해서다.

오로지 프랑스 요리만이 평가 대상이다

2011년 일본 홋카이도 출신의 요리사 사토 신이치의 레스토랑 파사쥬 53이 프랑스판 미슐랭의 2스타 레스토랑으로 선정되었다. 전 세계 미식가들은 깜짝 놀랐다. 2010년 1스타를 얻은 뒤, 1년 만에 이룬 성과였다. 22살 때 프랑스에 건너와 음식 공부를 시작한 지 11년 만이었다. 그러나 요리사가 일본인이라고는 하지만 일본 음식과는 거리가 멀다. 일본풍을 느낄 수는 있지만 원칙적으로 프랑스 요리이다. 전통적으로 미슐랭은 프랑스 음식만을 평가 대상으로 삼아왔다. 비교적 음식 문화가 비슷한 유럽 내 다른 나라에서 처음으로 3스타를 받은 레스토랑은 벨기에 브뤼셀에 있는 빌라 로레인이다. 미슐랭 가이드가 생긴 지 72년 만인 1972년에 비로소 프랑스가 아닌 다른 나라의 레스토랑에 3스타를 준 것이다. 그러나 엄밀히 말해 벨기에 요리는 프랑스 영향에 속해 있다. 1982년 영국에서 처음으로 탄생한 3스타 레스토랑 르 가르보체 또한 프랑스 요리 식당이다. 요리사는 프랑스 출신의 알베르토 루스였다.

1900년에 출간된 미슐랭 레드가이드 1호.
총 339쪽으로, 세로 길이가 만년필보다 조금 긴 판형의
포켓 사이즈였다.

Part 2.

Plat

파리의 자존심을 맛보다

·

미국에 간다면 이곳만은 꼭

·

일본, 따라하되 자기만의 요리를 만들어낼 줄 아는

·

미슐랭이 부럽지 않은 진짜 맛집

Paris

파리의
자존심을
맛보다

미슐랭 세계 최고 챔피언
폴 보퀴즈

파리의 3스타
르 프레 카틀랑

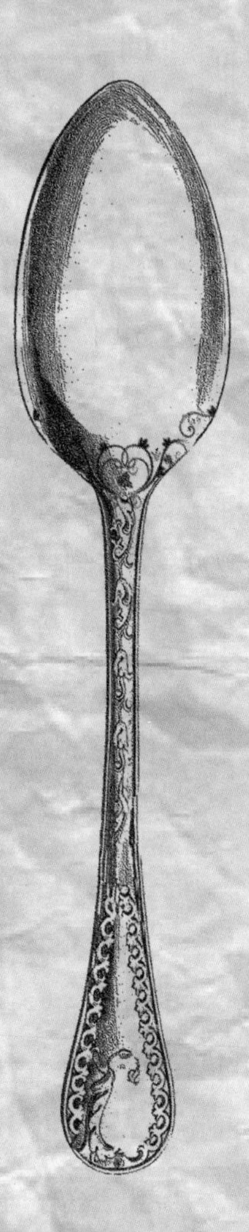

미슐랭 세계 최고 챔피언

폴 보퀴즈
Paul Bocuse

죽기 전에 가야 할 도시 100곳, 죽기 전에 봐야 할 오페라 99편, 죽기 전에 경험해야 할 역사의 현장 555곳……. '죽기 전에'로 시작하는 제목의 여행 가이드 시리즈가 유행한 적이 있다. 호기심을 자극하는 장소, 물건, 작품과 연결된 죽음이라는 단어의 오묘한 조화는 내 안에 잠들어 있던 여행에 대한 사명감을 일깨운다. 인생을 80세까지라고 본다면 대략 3만 일 정도 세상을 살다가 간다는 계산이 나온다. 미식가 사이에서 폴 보퀴즈 레스토랑은 '3만 일을 사는 가운데 한 번쯤은 경험해야 할 레스토랑'으로 손꼽힌다. 음식 예찬론자들은 일생 중 단 하루라도 폴 보퀴즈 레스토랑의 음식 맛을 보았다면 성공한 인생을 살다간 것이라고 말할 정도다.

누벨 퀴진의 대부, 폴 보퀴즈

폴 보퀴즈는 미슐랭 3스타를 반세기나 유지하고 있는 프랑스 요리계의 황제다. 미식의 천국 프랑스가 만약 폴 보퀴즈를 잃는다면 국장으로 장례를 치르지 않을까 싶을 만큼 프랑스 요리를 얘기할 때 가장 먼저 언급되는 요리사이기도 하다. 그의 명성은 미슐랭 3스타 레스토랑의 요리사라는 점에 한정되지 않는다. 대중화에도 앞장섰다. 이른바 '누벨 퀴진Nouvelle Cuisine'이라는 새로운 형식의 요리를 처음으로 선보인 인물이다.

누벨 퀴진이란 신선한 재료를 사용한 저칼로리 고단백 요리를 말한다. 정통 프랑스 요리는 맛과 향이 진한 소스를 기본으로 한다. 특히 이 소스는 엄청난 양의 버터를 녹여 만든다. 그러나 1970년대 후반 폴 보퀴즈를 중심으로 프랑스 요리에 일대 변혁이 일어난다. 그는 진한 소스를 사용하는 대신, 소화하기 쉽고 살찔 걱정이 없는 다이어트 음식을 만들어 전 세계 미식가들을 놀라게 했다.

폴 보퀴즈는 1926년 리옹에서 태어났다. 그의 부모는 물론 할아버지도 레스토랑을 경영하는 요리사였다. 맛을 아는 능력은 보통 열 살 미만에 결정된다. 미각의 발달은 다양한 음식 경험에서 비롯된다. 어릴 때부터 특정 음식에만 집착하는 것이 아니라, 음식을 닥치는 대로 경험하는 과정에서 미각과 후각이 발달한다.

21세기에 들어 요리사라는 직업은 돈, 명성, 권력을 쥔 유명 인사가 되었다. 요리사의 꿈을 꾸는 젊은이들이 경연을 펼치는 텔레비전 프로그램이 생긴 것도 최근의 일이다. 그러나 유명 요리사의 탄생은 1990년대부터 시작된 글로벌 시대의 새로운 현상에 지나지 않는다. 그 이전까지만 해도 대부분의 경우 먹고 살기 위해 택한 직업이었을 뿐이다. 맛을 넘어 예술적 차원으로 요리를 다시 보기 시작한 것은 불과 20여 년 정도 밖에 되지 않는다. 미식의 천국 프랑스라고 상황이 크게 다르지는 않다.

어릴 때부터 부모를 도와 음식을 만들던 폴 보퀴즈는 1942년 열여섯 살의 나이로 리옹에 위치한 미슐랭 스타 레스토랑 라 소와리의 요리 견습생으로 들어갔다. 프랑스의 내로라하는 요리사 대부분은 혹독한 도제 제도를 거친다. 짧게는 5년에서 길게는 10년 가까이 수습 기간을 보내야 한다. 요리를 직접 만드는 것은 이 과정을 모두 마친 후에나 가능하다. 감자를 까고, 자르고, 달걀을 깨고, 식기를 닦고, 부엌을 정리 정돈하는 일이 이들의 주된 일과다.

혹독한 수습 생활을 모두 마친 폴 보퀴즈는 서른세 살 되던 1959년 부모가 운영하던 레스토랑을 이어받았다. 그리고 자신의 이름을 딴 폴 보퀴즈 레스토랑을 경영한 지 2년 만에 프랑스 정부가 수여하는 국가 최우수 장인상MOF: Meilleurs Ouviers de France을 수상하는 영예를 안았다. 1965년에는 미슐랭 3스타를 얻었고, 이후 46년 동안 단 한 번도 미슐랭 3스타를 박탈당한 적이 없다. 폴 보퀴즈의 명성은 자신이 만든 요리상인 '보퀴즈 도르'를 통해 전 세계로 확산되었다. 보퀴즈 도르는 프랑스 정부가 수여하는 MOF 다음으로 가장 권위 있는 요리상으로 불린다. 보퀴즈 도르의 수상자가 된다는 것은 미슐랭 스타 대열에 합류했다는 것을 의미한다. 독일 출신 요리사 가운데 미슐랭 3스타를 처음으로 받은 요리사 에카르트 위치그만은 보퀴즈 도르를 수상한 후 요리계의 명사 반열에 올랐다.

일생에 단 한 번쯤은 맛보아야 할 토르누토스 로시니

유네스코 세계문화유산에 등록된 유서 깊은 도시 리옹은 예로부터 프랑스 최고의 미식 도시로 불렸다. 폴 보퀴즈의 레스토랑은 리옹 중심가에서 택시를 타고 북쪽으로 15분 정도 가면 나온다. 바로 옆에 운하가 있기 때문에 보트 여행객들은 곧바로 레스토랑에 닿을 수 있다. 건물은 3층으로 이루어져 있다. 1층은 레스토랑, 2층은 파티 장소, 3층은 폴 보퀴즈와 가족이 거주하는 곳이다. 레스토랑 외벽에는 프랑스 요리를 대표하는 요리사들의 모습이 그려져 있다. 그림 속 인물들은 '토크Toque'라 부르는 길고 하얀 요리사 전용 모자를 쓰고 있다. 폴 보퀴즈의 토크는 그 높이만 해도 50센티미터에 달한다. 과거에는 토크의 높이가 요리사의 권위를 나타내기도 했지만, 지금은 요리사의 지위와는 아무 상관이 없다. 다만 현재까지도 폴 보퀴즈는 옛 전통을 계승한다는 의미로 높고 커다란 토크를 고집한다. 주방에서 일하는 30여 명의 요리사들도 예외는 아니다.

프랑스 요리사만큼 토크에 집착하는 이들도 없다. 원래 토크는 아랍인의 모자에서 유래되었다. 18세기 무렵 프랑스 요리사들 사이에서는 크고 다양한 색상의 토크가 유행했다. 그러나 19세기 초반에 접어들자 프랑스 요리사의 왕으로 군림하던 마리 앙투안느 카렘은 청결과 간편함을 위해 높이가 낮고 흰색으로 만든 토크를 착용하기 시작했다. 또한 오늘날 요리사들이 입는 흰색 옷 역시 비슷한 시기에 등장했다.

폴 보퀴즈 레스토랑으로 들어서자 베르사유 궁전을 연상케 하는 고급스러운 분위기의 테이블이 한눈에 들어왔다. 마치 프랑스 왕과 귀족이 만찬을 즐기는 장소에 들어온 것만 같다. 최대 200명 정도 앉을 수 있는 레스토랑 실내는 점심, 저녁 관계없이 늘 만원을 이룬다. 이곳의 메뉴는 애피타이저, 육류와 해산물로 만든 메인 요리, 솔베, 치즈, 디저트까지 총 6가지 이상의 음식이 제공되는 픽스 메뉴, 그리고 자신이 원하는 음식을 따로따로 주문하는 아 라 카르테로 나뉜다. 픽스 메뉴는 가격에 따라 클래식, 부르주아지, 전통으로 등급이 나뉘는데, 가격은 140유로에서 225유로 정도 한다.

폴 보퀴즈의 상징처럼 여겨지는 요리를 맛보기 위해서는 픽스 메뉴보다 아 라 카르테를 선택하는 게 좋다. 우선 애피타이저로 채소 수프와 해산물 샐러드를 주문했다. 요리의 정수는 메인보다 애피타이저에 숨어 있는 경우가 많기 때문에 특별히 두 가지 애피타이저를 선택했다. 원래 프랑스 전통 수프는 양파 수프다. 오

프랑스 베르사유 궁전을 연상하게 하는 고급스러운 분위기의
폴 보퀴즈 레스토랑 실내.

래 끓인 양파 수프 속에 빵가루와 신선한 치즈를 듬뿍 넣어 먹는다. 한편 폴 보퀴즈의 채소 수프는 프랑스식과는 조금 차이가 있다. 신선한 채소를 주로 사용하는 누벨 퀴진의 대부답게 이곳의 수프는 폴 보퀴즈가 직접 가꾼 시금치를 주재료로 한다. 폴 보퀴즈는 최고의 요리사라면 채소 농원 하나 정도는 가꿔야 한다고 역설한다. 아침 일찍 일어나 농원의 채소를 직접 수확해서 만들어내는 요리야말로 최고의 음식을 만들기 위한 최소한의 조건이라고 말한다. 실제로 그는 레스토랑에서 자동차로 10분 떨어진 곳에 작은 채소 농원을 갖고 있다.

뒤이어 접시 한가운데 바닷가재를 통째로 올린 해산물 샐러드가 나왔다. 폴 보퀴즈의 사인이 새겨진 고급스런 접시와 선명한 붉은 색의 바닷가재가 아름다운 조화를 이뤘다. 바닷가재 맛의 정수는 지중해 소금의 섬세한 맛을 즐기는 데 있다. 폴 보퀴즈가 만든 바닷가재 샐러드는 단순한 소금 맛이 아닌, 지중해의 깊고도 깊은 생명의 맛이 느껴진다. 탱탱하게 씹히는 바닷가재의 맛은 오직 폴 보퀴즈에서만 경험할 수 있다.

짠맛은 가장 중요하고 기본적인 맛이다. 소금 맛은 전부 똑같다고 생각하기 쉬운데, 어디에서 어떻게 만들었는지에 따라 그 맛은 천차만별이다. 햇볕에 말린 심해의 소금은 최고급 음식 재료다. 프랑스는 일찍이 소금의 가치를 알아채고 세계 최고급 소금을 만들어 판매하기 시작했다. 붉은 라벨로 장식한 프랑스 소금의 최고봉 플뢰르 드 셀은 특수한 나무를 이용해 소금을 말리기 때문에 매우 독특한 향기를 느낄 수 있다. 가격은 이탈리아 소금보다 약 5배나 비싸다.

메인 요리로 토르누토스 로시니를 주문했다. 이 요리는 폴 보퀴즈가 가장 자신 있게 만드는 육류 요리이자, 레스토랑을 찾는 미식가라면 반드시 먹어봐야 하는 음식이다. 잘 손질한 쇠고기 등 부위 살에 푸아그라와 트리플을 얹은 토르누토스 로시니는 사치의 극을 달리는 최고급 요리다. 푸아그라, 트리플은 러시아 캐비아와 함께 세계 3대 진미 재료다. 트리플은 이탈리아에서 생산되는 블랙 트리플보다 프랑스 남부와 이탈리아 북부에서 볼 수 있는 화이트 트리플을 더 고급으로 친다. 눈 앞에 놓인 토르누토스 로시니를 입에 넣고 천천히 맛을 음미했다. 전체적으로 진한 트리플 향이 고기를 감싸고 있기 때문에 순간적으로 한약을 마신 것 같은 착각이 들기도 했다. 그러나 씹으면 씹을수록 입 안에 번지는 향은 과연 일품이었다. 토르누토스 로시니의 재료가 되는 쇠고기는 근육이 발달하지 않은 부분만을 사용한다. 근육이 생길 경우 질겨서 씹기가 어렵고 소화하기도 불편하기 때문이다. 폴 보퀴즈는 소의 목 바로 뒤쪽에 위치한 등 부위만을 골라 조리한다.

그런데 왜 하필 요리 이름을 '토르누토스 로시니'라고 지었을까? 이 별난 이름의 유래에는 〈세비야의 이발사〉로 유명한 오페라 작곡가 로시니와 관련된 재미난 일화가 있다. 로시니는 소설가 발자크와 더불어 19세기 유럽을 대표하는 미식가이자 대식가였다. 어느 날 로시니는 자신의 전속 요리사에게 쇠고기 위에 푸아그라와 트리플을 얹은 요리를 만들도록 주문했다. 로시니는 자신이 주문한 요리를 요리사가 먹어치우지 않을까 걱정하였다. 결국 그는 주방까지 따라 들어가서 요리사의 일거수일투족을 감시

했다. 이에 화가 난 요리사는 주방은 자신의 공간이라면서 계속 그렇게 지켜본다면 요리를 하지 않겠다고 선언했다. 그러자 로시니는 "그렇다면 내가 등을 지고 서 있겠네"라고 대답했고, 요리사는 '등을 지고 서다Tournez moi le dos'는 의미의 이탈리아 말을 붙여 이 요리를 '토르누토스 로시니'라고 불렀다. 그 후 프랑스 요리의 거장 오귀스트 에스코피에에 의해 이 요리법이 전해졌다. 현재 프랑스에서 맛볼 수 있는 토르누토스 로시니는 에스코피에의 조리법을 그대로 따라 복원한 것이다.

참았던 인내심은 치즈의 향연에 바닥을 보이고

디저트에 앞서 조그만 카트에 실린 치즈 군단이 눈앞에 나타났다. 프랑스 레스토랑에서 가장 재미있고 신기한 시간은 바로 이때다. 메인 요리가 끝난 뒤 곧바로 나오는 치즈 군단은 리옹을 대표하는 10여 종의 치즈로 구성되어 있다. 치즈를 가지고 온 웨이터는 치즈의 이름과 종류를 하나씩 설명해주었다. 요리의 맛을 제대로 느끼기 위해 와인을 따로 주문하지 않았지만, 치즈의 향연을 보고 있으려니 참았던 인내심은 바닥을 보이고 말았다. 게다가 리옹은 프랑스 최고의 와인 생산지를 끼고 있는 곳이지 않던가? 북쪽으로는 보졸레 누보로 유명한 보졸레, 남쪽으로는 코트 드 로느로 연결돼 있다. 코트 드 로느는 시라 와인의 형제에 해당하는 그르나슈 와인의 집산지다. 그르나슈는 그리스와 스페인 남부, 이탈리아 남부에서 자라는 와인이다. 값도 싸고 원시적인 맛이 느껴지기 때문에 와인 애호가들 사이에서는 2류 와인으로 취급된다. 삼라만상이 다 그러하듯 강한 것은 1류가 될 수 없다.

강한 것은 결국 부드러운 것에 꺾이고 만다. 와인도 마찬가지다. 강한 맛의 와인은 잘해야 2류 정도에 올라설 수 있다. 치즈 맛을 세심하게 느끼기 위해서는 강한 와인이 맞지 않다.

그러나 3000칼로리에 육박하는 토르누토스 로시니가 위 안에 가득 찬 상태인지라 뭔가 강력한 충격이 필요했다. 처음에는 카베르네 소비뇽의 보르도 와인을 선택할까 잠시 고민했지만, 기왕 리옹에 왔으니 현지에서 생산되는 그르나슈 와인을 마셔보기로 했다. 치즈는 웨이터가 추천하는 리용의 대표적 염소 치즈를 주문했다. 입에 대는 순간 영원히 잊을 수 없는 독특하고도 강한 치즈 향이 와인의 맛과 향을 뚫고 입 안으로 퍼져나갔다.

디저트로 나온 과일을 맛보는 동안 레스토랑 전체가 갑자기 소란해졌다. 스타 요리사 폴 보퀴즈가 특유의 높은 토크를 쓰고 만면에 웃음을 띠며 레스토랑에 모습을 드러낸 것이다. 그는 테이블을 돌면서 손님들과 인사를 나누거나 함께 사진을 찍었다. 체형이 곧고, 큰 키에 군살이 거의 없어 여든다섯 살이라고 믿기지 않을 만큼 건강해 보였다. 여든다섯 살에도 주방을 진두지휘하는 카리스마 요리사 폴 보퀴즈. 지난 반세기 동안 미슐랭 3스타를 이어온 그는 분명 현존하는 프랑스 최고의 요리사이며, 폴 보퀴즈 레스토랑은 일생에 단 한 번쯤은 경험해야 할 세계 최고의 레스토랑임에 틀림없다.

MENU

바닷가재 샐러드

지중해 소금의 섬세한 맛을 살린 해산물 샐러드

토르누토스 로시니

쇠고기 등 부위 살 위에 푸아그라와 화이트 트리플을 얹은 요리

레드베리 디저트

입 안을 개운하게 하는 상큼한 딸기 디저트

파리의 3스타

르 프레 카틀랑
Le Pre Catelan

미슐랭 3스타 레스토랑 르 프레 카틀랑은 언젠가 꼭 한번 들르고 싶었던 곳이다. 파리를 방문하는 미식가라면 반드시 들르기 때문이다. 르 프레 카틀랑의 요리사 프레데릭 안톤은 21세기 프랑스 요리를 대표하는 인물로 손꼽힌다. 2000년 국가 최우수 장인상 요리 부문 수상자로 선정된 이후 프랑스 문화의 상징이자 얼굴로 활약하고 있다. 2011년 기준으로 프랑스 내 미슐랭 3스타 레스토랑은 25곳이다. 가장 경쟁이 심한 곳은 단연 수도 파리다. 미슐랭 3스타 10곳이 파리 시내에 모여 있다. 프레데릭 안톤은 2000년 이후 거의 매년 미슐랭 3스타의 명성을 유지해왔다.

1000명의 손님이 갑자기 방문해도 한결같은 요리를 대접하는

21세기 프랑스 요리의 특징 중 하나는 각국의 요리 에센스를 프랑스 음식에 첨가한다는 점이다. 가볍고 신선한 일본식 에센스는 프랑스 고급 레스토랑에서도 쉽게 맛볼 수 있다. 그러나 프레데릭 안톤은 프랑스 전통 음식에 더욱 주목한다. 위에 부담을 주지 않는 생선 위주의 신선한 요리를 만들지만, 옛 프랑스 요리에 사용하는 소스를 개발하는 데 주력한다.

르 프레 카틀랑은 파리의 16구 롱샴 거리에 인접해 있다. 레스토랑 바로 옆에는 프랑스 오픈 테니스 경기장과 롱샴 경마장으로 유명한 블로뉴 숲이 자리하고 있다. 한때 귀족의 사냥터로 애용되던 곳이다. 레스토랑의 안팎을 에워싼 분위기는 세계 어떤 식당도 흉내 낼 수 없는 르 프레 카틀랑만의 특별함을 더욱 빛나게 한다.

현재 르 프레 카틀랑은 1400여 명 수용 규모의 객실을 갖고 있는 파리 최고의 호텔 중 하나다. 사실 호텔과 함께 운영되는 레스토랑은 질적으로 떨어지기 쉽다. 수많은 객실 손님의 식사를 위한 장소로 이용하기 때문이다. 요리사가 장악할 수 있는 적당한 규모는 고급 레스토랑 여부를 결정하는 중요한 요소 중 하나다. 사람이 많아지면 그만큼 요리사의 주의력이 떨어진다. 아무리 솜

파리의 블로뉴 숲에 둘러 쌓인 르 프레 카틀랑 레스토랑.

씨가 좋은 요리사도 하루에 100여 명 이상의 손님을 감당하기란 여간 어려운 일이 아니다. 보조 요리사의 도움을 받는다 해도 하루 손님이 300명을 넘어설 경우 그만큼 관리가 힘들어진다. 다양한 종류의 신선한 재료를 매일 구하기도 어렵다.

그러나 이 프랑스 1급 레스토랑은 이 같은 법칙에서 비교적 자유로워 보인다. 1000명을 넘어서는 손님이 온다 해도 한 사람만을 위한 요리를 제공할 때와 거의 비슷한 수준의 음식을 만들어낸다. 인터넷상의 레스토랑 평가 사이트인 트립 어드바이저의 평가 란을 살펴보면, 르 프레 카틀랑에 대한 평가자 34명 가운데 만점을 준 사람들이 무려 26명에 달한다. 이것만 봐도 이곳의 맛과 서비스가 얼마나 훌륭한지 짐작할 수 있다. 물론 서비스가 엉망이라고 불평하는 사람들도 있지만, 르 프레 카틀랑이 호텔 레스토랑이라는 점을 감안한다면 과반수 이상의 손님들이 만점을 주었다는 사실은 대단하다.

커튼의 높이까지 배려하는 세심함이 돋보인다

식사 시간에 맞춰 레스토랑 입구에 들어서자 웨이터가 미리 예약표를 들고 기다리고 있었다. 8월 휴가철을 맞아 많은 파리 사람들이 바캉스를 떠난 덕분에 레스토랑 안은 제법 한산했다. 내부는 크게 세 개의 구역으로 나뉜다. 정원이 바로 보이는 1층 중간 룸으로 안내 받아 들어갔다. 레스토랑으로 들어가는 통로에는 이탈리아 베니스의 무라노에서 만든 커다란 샹들리에가 길게 늘어서 있다. 안내 받아 앉은 식탁 위에는 파리의 오후 햇살이 먼저 와서 자리를 차지하고 있었다. 햇빛이 식탁 한가운데 들어온다는 것은 이곳이 좋은 레스토랑이란 것을 의미한다. 그러나 햇빛을 그대로 식탁에 실어서는 안 된다. 빛을 커튼으로 차단해서 간접적으로 느끼게 하는 것이 중요한 포인트다. 빛을 막기 위한 커튼의 높이가 적당한지, 직원이 눈으로 물어왔다.

과거에는 미슐랭 3스타라고 하면 턱시도나 고급 이브닝드레스 차림을 하고 가야 하는 경우가 많았다. 그러나 르 프레 카틀랑을 포함하여 프랑스 고급 레스토랑 대부분은 정장 차림 규정을 없앤 지 오래다. 손님 대부분이 프랑스인이 아닌 관광객으로 바뀌면서 정장 차림 규정이 사라진 것이다. 청바지나 짧은 면 티셔츠는 문제가 있겠지만, 굳이 정장이 아니더라도 미슐랭 레스토랑을 경험할 수 있다. 그러나 정장 차림 규정은 프랑스 지방의 고급 레스토랑에서는 아직도 철저하게 지킨다. 나 역시 이러한 전통을 지지하는 편이다. 그러니 유럽에 갈 때 남성은 정장 양복을, 여성은 이브닝드레스를 반드시 가지고 갈 것을 권한다. 평소 겪을 수 없는 것들을 자연스럽게 경험하는 것이 인생의 즐거움이자 도전이니 말이다.

자리에 앉자 웨이터가 식사에 앞서 음료를 주문 받으러 왔다. 고세 그랑 로제 브뤼트를 한 잔 시켰다. 고세 그랑 로제 브뤼트는 로제 와인의 대명사다. 영어로 된 메뉴판을 훑어보았다. 픽스 메뉴가 가장 먼저 눈에 들어왔다. 흥미롭게도 이곳의 메뉴판에는 음식 재료만 나열되어 있다. 메뉴판에는 계란, 토마토, 게, 조개, 호박, 다랑어, 새끼 양, 소, 닭 등의 재료가 쭉 나열된 상태에서, 조리법만 간단하게 설명되어 있다. 덕분에 프랑스 요리를 잘 모르더라도 누구나 쉽게 음식을 선택할 수 있다. 값과 재료만 간단히

들은 뒤 모든 것을 요리사에게 맡기면 된다. 참고로 르 프레 카틀랑은 유기농 메뉴를 처음 시작한 레스토랑이다. 오가닉 메뉴는 2011년 고급 레스토랑을 중심으로 유행처럼 확산되었다. 2012년 뉴욕 미슐랭 3스타 레스토랑인 일레븐 메디슨 파크도 르 프레 카틀랑의 메뉴를 본 떠 '그린 오가닉 메뉴'로 호평을 받았다.

픽스 메뉴를 주문했다. 토마토, 게, 맛조개를 선택했다. 토마토는 샐러드, 게는 애피타이저, 맛조개는 메인에 해당한다. 원래 육류를 첨가한 네 개 코스의 픽스 메뉴도 있지만 늦은 저녁이라 위장을 생각해서 육류는 제외했다. 주문한 음식 중 두 가지가 해산물이었기 때문에 와인은 브르고뉴 지방의 명물인 샤도네이 포도로 만든 샤블리를 시켰다. 와인 리스트에는 1만 여 종 이상의 다양한 와인이 준비되어 있었다. 최고 가격을 물어보자, 아마 5만 유로 정도는 할 것이라는 답이 돌아왔다. 소믈리에에게 100유로 전후의 로컬 와인을 추천해 달라고 부탁했다. 소믈리에는 프리미에르 크루 2004년산 몸테 드 토네르를 추천해주었다. 덧붙여 소믈리에는 2004년도 와인의 품질이 특히 좋다는 설명도 빼놓지 않았다. 미리 조금 맛을 본 뒤에 결정해도 좋겠느냐고 물어보자 곧바로 잔과 와인을 들고 왔다. 미슐랭 3스타에서는 당연한 것으로 인식되고는 있지만, 시음을 위해 새 와인을 따주는 서비스에 항상 감동을 받는다. 일단 시음을 하고 만약 마음에 들지 않으면 다른 것으로 다시 주문하라는 말도 잊지 않았다. 그만큼 자신 있다는 의미이다. 소믈리에의 확신 때문인지 몰라도 코르크를 연 샤블리의 맛은 탄성 이외에 달리 표현할 길이 없었다.

유기농 메뉴의 창시자가 만든 맛조개 요리의 맛은 과연?

코스에 들어가기에 앞서 아뮤즈 부슈 또는 아뮤즈 겔이라 불리는 '한 숟가락 음식'이 제공되었다. 이들 요리는 그날그날의 서비스 음식이다. 한입에 쏙 들어가게 숟가락 위에 올려주는 경우가 대부분이지만, 오늘은 웬일인지 접시에 담겨 나왔다. 언뜻 보면 수프 같은데 감자를 주재료로 거의 간을 하지 않아 감자 본연의 맛을 느낄 수 있는 요리였다. 감자는 계란과 더불어 프랑스 요리사가 가장 중요하게 여기는 요리 재료다. 프랑스에서 감자는 한국 음식에서 빼놓을 수 없는 배추, 무와 같은 존재다. 한국 사람들이 김치로 다양한 요리를 만들어내듯 프랑스 사람들은 감자와 계란으로 갖가지 요리를 만든다. 그렇기 때문에 이 두 가지 재료만으로 얼마나 다양한 요리를 만들 수 있는지가 프랑스 요리사의 실력을 가늠하는 척도가 되기도 한다.

샐러드로는 모차렐라 치즈와 토마토를 버무린 즙이 나왔다. 마치 하얀 도화지 위에 빨간색을 덧칠한 것 같은 붉은 젤리가 시선을 사로잡았다. 원래 정통 프랑스 요리에 토마토가 등장하는 일은 아주 드물다. 한국의 두부에 해당하는 모차렐라 치즈를 사용한다는 점에서 이탈리아 요리의 영향이 강하게 느껴졌다. 프랑스인 입장에서는 남부 프로방스에서도 모차렐라와 토마토를 즐긴다고 말하며 '메이드 인 프랑스'를 강조할지 모르겠지만.

애피타이저로 시킨 게 요리가 나왔다. 신선한 게살 위에 얹은 게 알과 초록의 시금치 즙이 먹음직스러워 보였다. 콜레스테롤 수치가 올라가지는 않을까 짐짓 걱정이 되기도 했지만, 갯벌을 누비는 바다의 청소부를 예술적인 요리로 승화시킨 르 프레 카틀랑의 솜씨에 반해 게 눈 감추듯 순식간에 전부 해치워버렸다.

드디어 메인 요리. 맛조개는 중화 요리 집에 가면 자주 볼 수 있는 재료로 그 맛이 연하고 부드럽다. 화이트 와인과 버터로 맛을 낸 맛조개는 프랑스 음식의 진수를 보여준다. 맛조개는 사물을 대하는 동양과 서양의 감각 차이를 이해하는 좋은 예다. 중국인은 맛조개를 일컬어 '대나무 속 조개'라고 부른다. 반면 프랑스 등 유럽에서는 '면도날 조개'라고 칭한다. 대나무와 면도날이라?달라도 너무 다르지 않은가!

메인 요리를 다 먹은 후, 이번에도 어김없이 치즈 군단이 등장했다. 그러나 이미 배가 몹시 불렀기 때문에 제 아무리 먹음직스런 치즈 군단이라 할지라도 그림의 떡일 뿐이었다. 항상 궁금한 것은, 프랑스인들은 어떻게 코스를 끝내고도 여유롭게 치즈를 즐길 수 있는가 하는 점이다. 그들에게는 치즈용 위장이 따로 있는 것일까?

디저트로 프로방스에서 올라온 레드베리를 이용하여 만든 케이크가 등장했다. 레드베리의 새콤함이 입 안 가득 퍼졌다. 프랑스 디저트는 혀가 아니라 눈으로 즐기는 음식이다. 레드베리를 보면 19세기 말 프랑스에서 왜 인상파 화가들이 대거 탄생했는지를 알 수 있을 것만 같다. 프랑스 남부 프로방스의 과일은 총 천연색의 아름다운 빛깔을 뽐낸다. 이탈리아나 스페인의 과일 색상도 화려하고 아름답지만, 그 품격은 프랑스 과일 특유의 깊이를 따라가지 못한다. 이러한 점이 프랑스 요리를 더욱 특별하게 만드는 이유일 것이다.

MENU

크랩 요리

게살 위에 시금치 즙을 간
소스를 얹은 요리

맛조개 요리

화이트 와인과 버터가 배어든
맛조개 요리

레드베리 디저트

프로방스에서 재배한 레드베리를
얹은 케이크

note

프랑스 문화의 자존심, MOF

르 프레 카틀랑의 수석 요리사 프레데릭 안톤이 미슐랭 3스타의 영예를 얻은 가장 큰 이유는 국가 최우수 장인상[MOF]을 수상했기 때문이다. 폴 보퀴즈 역시 1961년 MOF를 수상했고 4년 뒤에 미슐랭 3스타를 받았다. 프랑스에서 MOF를 받는 사람은 한국의 인간문화재처럼 그 분야에서 최고의 장인으로 인정한다.

MOF는 개인 차원의 명예일 뿐 아니라, 프랑스 문화가 왜 전 세계로부터 박수갈채를 받는지를 알게 하는 상징이다. 비슷한 상품인데도 '메이드 인 프랑스' 딱지가 붙으면 적게는 두 배, 많게는 열 배 이상의 비싼 비용을 지불해야만 한다. 치즈와 소금은 물론이고 1500만원을 호가하는 에르메스 가방, 한 병에 1000달러 이상의 프리미엄이 붙는 로마네 콩티 와인, 한 조각에 10달러가 넘는 초콜릿에 이르기까지 메이드 인 프랑스는 최고급의 대명사다. 이탈리아 제품도 세계적인 명품으로 평가를 받고 있지만, 최고급 품목만 들춰보자면 프랑스와 비교가 되지 못한다.

그럼에도 가방 하나에 1500만원이 넘는다는 것은 뭔가 비정상적이다. 그렇다면 프랑스 명품이 이렇게 비싼 이유는 무엇일까? 이유야 여러 가지가 있겠지만, MOF를 빼놓을 수 없다. 프랑스인에게 MOF는 죽고 사는 문제다. MOF를 수상하기 위한 노력은 상상을 초월한다. MOF가 프랑스에서 어떤 의미를 갖는 것인지를 알고 싶다면 크리스 헤지더스 감독의 다큐멘터리 영화 〈파티시에의 왕들〉을 보기를 권한다. 4년마다 개최하는 프랑스 파티시에 부문 MOF 경쟁 참가자 16명의 이야기를 담고 있다. 3일 동안 치러지는 과정을 보다 보면 프랑스에서 만들어진 작은 과자 하나가 왜 그토록 특별한 대우를 받는지에 대한 의문이 어느 정도 풀린다. 맛뿐만이 아니다. MOF의 심사 기준은 파티시에가 표현하는 창조적인 아이디어뿐만 아니라 프랑스 전통을 얼마나 반영하는지, 얼마나 치밀하고 빨리 준비하는지, 색상과 재질은 얼마나 뛰어난지, 신선함과 열정은 어떠한지를 종합적으로 평가한다. 참가자들은

MOF에 나가기 1년 전부터 매일 실전에 대비한 훈련을 한다. 한 번 실패한 뒤 재수, 삼수를 하는 사람도 있다. 이런 과정을 통해 단 한 명의 최고 파티시에가 탄생한다. 심사는 MOF를 수상한 선배들이 맡는다. 테스트와 심사는 팽팽한 긴장감 속에서 이뤄진다. 이런 점만 봐도 프랑스에서는 과자와 케이크 하나하나에 혼이 들어가 있다는 말이 수사학적 과장이 아니라는 것을 알 수 있다.

MOF는 원래 1913년 미술평론가이자 저널리스트인 루시앙 클로츠의 문화운동에서 출발했다. 프랑스 전통 문화를 보호하자는 취지였다. 루시앙 클로츠는 전시회를 정기적으로 열어 뛰어난 장인들을 발굴하려 했지만, 전쟁이 터지면서 이 문화 운동은 중단되고 말았다. 1924년 1회 수공예품 전시회가 열리면서 MOF의 역사가 본격적으로 시작되었다. 이후 음식, 파티시에, 보석, 공예품, 정원장식, 건축, 의류 디자인, 와인, 가죽 제품, 꽃 장식 등 총 15종류의 부문으로 확산되었다. 보통 3년에 한 번씩 열리지만, 4년에 한 번 개최하기도 한다. 수상자의 숫자는 그해 참가자의 수준에 따라 임의로 결정한다. 전반적인 수준이 낮을 경우 수상자가 아예 없을 때도 있다. MOF 수상식은 대통령이 참석한 가운데 엘리제 대통령 궁에서 열린다. 수상식에는 역대 MOF 수상자들도 참가한다. MOF 대열에 들어섰다는 것은 최고급 프랑스 문화의 수호자로 공인되는 동시에, 권위에 걸맞은 품격 있는 생활이 보장됨을 의미한다.

요리사의 자살

미슐랭 스타 요리사 베르나르 로와조의 자살

"등급 하락에 대한 실망으로 요리사 자살"

2004년 2월 24일 월요일, 베르나르 로와조의 자살 소식이 전 세계에 전해졌다. 자신의 레스토랑에서 점심 서빙을 끝낸 뒤, 식당에 바로 붙어 있는 집으로 간 그는 엽총으로 자살했다. 52세였다. 한국에서는 해외 토픽 정도로 알려졌지만, 프랑스와 유럽 전역은 충격에 빠졌다.

로와조는 세계적 지명도를 가진 프랑스 톱 텐 요리사에 꼽히던 인물이다. 신문이나 방송에서 적극적으로 활동한 요리사로도 유명하다. 로와조는 자살하기 몇 주 전에 자신이 운영하는 레스토랑의 등급이 떨어졌다는 소식을 전해 들었다. 20점 만점 기준, 19점에서 17점으로 2점이 떨어진 것이다. 공교롭게도 ≪고 에 미요Gault et Millau≫(프랑스 레스토랑 평가 책)는 다른 레스토랑에 대해서는 출판 사상 처음으로 20점 만점을 주었다.

〈르 피가로〉는 로와조의 점수가 떨어지자, 곧바로 "미슐랭 2스타로 추락할 가능성이 높다"는 기사를 실었다. 참고로 로와조가 운영하는 레스토랑은 2003년에는 3스타였다. 로와조는 평소에 유언처럼, "만약 스타가 하나 떨어지면 자살하겠다"고 말하곤 했다.

프랑스인들은 미슐랭 평가가 어떻게 나올지에 주목했다. 분위기를 알아차린 미슐랭은 충격을 완화하기 위해 102년 역사상 처음으로 2주일 정도 시기를 앞당겨 3스타 레스토랑 리스트를 발표했다. 결과는 3스타를 그대로 유지한 것으로 나타났다.

그러나 때는 이미 늦었다. 로와조의 자살 원인과 책임을 두고 프랑스 전체가 흥분해 있을 때 뜻밖에도 로와조 부인은 남편의 자살 원인이 개인적인 이유 때문이라는 내용을 담은 편지를 공개하였다. 평소 스트레스와 우울증을 앓아왔다는 것이다. 그럼에도 로와조를 극단의 길로 몰아넣었던 우울증의 배경에는 치열한 경쟁 의식이 자리 잡고 있었음이 분명하다. 곧 최고의 요리사와 레스토랑을 유난히 선호하는 프랑스만의 독특한 레스토랑 문화가 원인이라는 것이다.

레스토랑 수습생 출신의 신화 탄생

로와조는 1951년 1월 프랑스 중부에 자리 잡은 샤말리에르에서 태어났다. 태어난 곳 근처에는 공교롭게도 미슐랭 타이어 공장이 있었다. 로와조는 가정 형편이 어려워 스스로 모든 문제를 해결해나가야만 했다. 그는 고향에서 고등학교를 다니던 중 생활고를 극복하기 위해 도시로 삶의 터전을 옮겼다. 처음에는 옷 장사를 했지만, 그만두고 열일곱 살의 나이에 3스타 레스토랑을 운영하던 로제 베르제의 수습 요리사로 들어갔다. 레스토랑에서 묵묵히 일하던 로와조는 차츰 실력을 인정 받아 파리의 레스토랑으로 자리를 옮겼다.

1975년, 그의 나이 24세에 전환점이 찾아왔다. 솔리외에 있는 레스토랑 코트 도르의 요리를 총관장하는 수석 요리사로 임명된 것이다. 로와조가 생애 마지막까지 일한 코트 도르는 1870년 문을 연 유서 깊은 레스토랑이다. 1930년대부터 전설적인 요리사인 알렉상드르 두메인이 운영하던 부르고뉴 지방을 대표하는 3스타 레스토랑이었다. 로와조는 알렉상드르 두메인이 숨진 뒤 사양길에 접어들었던 코트 도르의 명예 회

복에 나섰다. 칫솔 하나만 갖고 내려간 지 2년 만인 1977년, 미슐랭 1스타를 획득한 로아조는 1982년 코트 도르를 아예 사들였다. 1983년 로와조는 2스타로 등급을 올렸다. 모든 것이 순조롭게 풀리는 듯했다. 그는 만족하지 않고 곧바로 3스타 등극에 매진했다. 1984년 레스토랑에 붙어있는 허름한 건물을 구입하기 위해 110만 달러를 은행에서 빌리고, 1985년에는 인근에 최고급 호텔을 열었다. 모두가 미슐랭 3스타를 받기에 충분한 레스토랑이라고 여겼다. 그러나 주변의 기대와 많은 투자에도 불구하고 3스타는 주어지지 않았다. 로와조는 1990년 또 다시 2백만 달러를 빌려 레스토랑과 호텔 내부 장식을 새로 고치더니, 레스토랑의 주방을 다섯 번에 걸쳐 개조하였다. 영국식 정원을 만들고, 호텔 방을 26개로 늘렸다. 자살 직전인 2003년 초까지 로아조가 레스토랑과 호텔에 투자한 돈은 모두 5백만 달러에 달했다.

3스타와 엘리제궁 훈장

로와조의 노력은 마침내 1991년 결실을 맺게 된다. 3스타 반열에 오른 것이다. 미테랑 대통령은 로와조에게 팩스로 축하 인사를 직접 보내 화제가 되기도 했다. 대통령이 1987년 버섯을 따기 위해 부르고뉴 지방에 들렀을 때 로와조의 레스토랑에서 점심 식사를 한 인연이 있었다. 로와조는 더 나아가 자신의 이름과 레스토랑을 세계 무대로 넓히는 데 주력하였다. 미국과 일본에 레스토랑을 오픈하고, 자신의 이름을 딴 수프를 만들고, 식당 옆에 기념품 가게도 열었다. 심지어 자신의 이름을 쓴 앞치마와 접시 시계도 판매했다. 지명도를 높이기 위해 외국 여행도 자주 했다. 1994년 2월 24일 처음으로 워싱턴을 방문해서는 한 사람 당 250달러가 드는 저녁 식사 80인분을 준비하기도 했다. 뉴욕도 빈번하게 찾는 등 사교 무대를 더욱 넓혀나갔다.

그러나 시간이 흐를수록 점점 돈이 궁해졌다. 과도한 투자가 원인이었다. 은행에 매달 5만 달러에 이르는 이자를 내야만 했다. 로와조는 1991년 인터뷰 당시 연간 수입이 430만 달러 정도라고 말했지만 사실은 290만 달러에 불과했다. 보통 레스토랑이 스타를 하나 더 얻을 경우, 수입은 평균 30퍼센트 정도 오른다. 로와조가 3스타를 받기 전에는 하루 손님이 50명 정도였다. 3스타를 얻고나서 하루 80명, 여름철 성수기에는 120명이 찾아왔다. 그러나 손님이 늘어도 투자비를 회수하기에는 턱없이 부족했다.

1년 중 364일 일하는 요리사

빌린 돈을 갚기 위해서는 1년 365일 가운데 크리스마스를 뺀 364일간 일하는 전천후 레스토랑이 될 수밖에 없었다. 3스타 레스토랑이 휴일도 없이 일하는 경우는 극히 드물다. 여하튼 최선을 다하는 로와조에게 행운은 끊어지지 않았다. 1995년 프랑스 최고의 훈장인 '레지옹 도뇌르'를 받았다. 프랑스 역사상 요리사가 엘리제궁에서 레지옹 도뇌르를 받은 것은 프랑스 요리사의 대명사인 폴 보퀴즈에 이어 두 번째다. 로와조는 1998년에는 자신의 이름을 딴 로와조 그룹을 프랑스 주식시장에 상장하였다. 레스토랑을 주식시장에 상장한 것은 로와조가 처음이었다. 모든 것이 순조로웠고 장밋빛이었다.

그러나 2001년 미국에서 발생한 9.11 테러 사건은 로와조의 미래를 어둡게 만든 치명타였다. 로와조는 사건이 터진 뒤 밤잠을 설치며 레스토랑의 미래에 대해 걱정했다. 프랑스 레스토랑의 경기는 미국의 관광 경기와 직결되기 때문이다. 9.11 테러에 이어 아프가니스탄과 이라크로 전쟁이 확산되면서 로와조의 우려와 근심은 현실로 드러났다. 프랑스 레스토랑 평론가들은 외식업의 경기는 평균 10년 주기를 탄다고 말한다. 1980년대가 프랑스 외식업의 황금기라고 할 때, 1990년대는 쇠퇴기였으며, 2000년 들어 다시 활황기에 들어설 것으로 예상했다. 그러나 전망은 빗나갔다. 미국인 관광객들은 크게 줄어들었으며, 테러를 두려워하는 분위기 때문에 고급 레스토랑을 찾는 사람은 결코 늘지 않았다. 로와조의 레스토랑도 예외가 아니었다. 게다가 그의 식당은 주민이 3000명에 불과한 지역에 있었다. 주변에는 특별한 관광 명소도 없다. 설상가상으로 음식 비평가들은 로와조 레스토랑이 다른 수익사업에 전념하는 바람에 음식의 질이 떨어졌다는 평가를 늘어놓기 시작했다.

프랑스 문화와 요리사의 죽음

로와조의 자살은 등급 하락에 대한 좌절감, 경영 압박에 따른 심리적 부담감, 노예 생활에 가까운 하루 18시간의 중노동에서 비롯된 것이다. 요리사의 자살은 프랑스에서만 찾아볼 수 있는 프랑스 문화의 일부이기도하다. 프랑스 문화라고 단정하는 이유는, 로와조의 자살 이전에도 이미 스타 등급이 떨어진 충격을 이기지 못하고 자살하거나 갑작스럽게 병에 걸린 요리사가 많았기 때문이다.

1960년대 지중해식 해산물 요리로 파리의 미식가 사이에서 최고의 인기를 얻었던 레스토랑 포르케롤의 요리사 알랭 지크는 미슐랭과 자살이라는 조합을 처음으로 만들어 낸 인물이다. 1966년 알랭 지크는 자신의 레스토랑이 2스타에서 노 스타로 추락하자 충격을 받고 자살하였다. 알랭 지크의 자살 후 레스토랑은 문을 닫았다. 당시에도 요리사를 죽음에 이르게 한 원인이 무엇인지를 둘러싼 논의가 심각하게 일었다. 미슐랭은 공식적인 논평을 통해 알랭 지크의 죽음이 자신들과는 아무 관련이 없다고 밝혔다. 요리사의 자살은 근대 이전으로까지 거슬러 올라간다. 요리사가 자신이 만든 음식과 관련하여 불명예스러운 일을 당했을 때 자살하는 일이 종종 있었다. 근대 프랑스 요리의 기틀을 잡는 데 가장 크게 공헌한 루이 14세의 요리사 바텔이 대표적이다. 바텔은 당대 최고의 궁중 전속 요리사였다. 대식가이자 미식가인 루이 14세의 입맛에 맞는 음식을 매일 개발하는 것이 그의 과제였다. 어느 날 루이 14세를 위한 만찬에 사용할 신선한 생선이 시간에 맞춰 도착하지 않았다. 결국 생선이 오긴 했지만 이미 싱싱함은 사라진 뒤였다. 바텔은 다음날 자살했다.

3스타를 얻은 영국의 레스토랑에서 일하는 마르코 피에르 화이트는 영국 〈가디언〉(2003년 2월 27일)에 기고한 글에서 3스타를 지켜야만 하는 고통을 말하면서 로와조를 대변하였다.

"3스타를 얻었을 때 승리감에 도취했다. 그러나 더 이상 올라갈 별이 없다는 것을 알게 되면 그 다음부터는 지옥이다. 하루하루가 걱정과 근심의 연속이었다. 어떻게 하면 3스타를 유지할 수 있는가? 로와조도 마찬가지였을 것이다. 등급이 떨어지면 이런 생각이 든다. 어떻게 나보다 요리를 모르는 이들이 내가 만든 음식에 점수를 매길 수 있는가? 과연 요리사와 미슐랭, 어느 쪽이 옳은가?"

3스타 레스토랑과 요리사

3스타 레스토랑을 결정하는 가장 큰 변수는 음식, 곧 요리사의 음식 솜씨다. 음식 맛 외에 서비스, 분위기, 전통과 같은 다른 요인들이 있지만, 가장 중요한 것은 역시 요리사의 실력이다. 아무리 오랜 3스타의 역사를 가진 레스토랑이라도 요리사가 사망하거나 다른 곳으로 옮기면 그대로 추락한다.

프랑스에서 요리사는 선망의 직업이다. 3스타 요리사가 되면 음식 분야에서만이 아니라 사회적으로도 존경을 받기 때문이다. 3스타를 획득하는 순간 요리사는 부엌에서 식사 테이블로, 식사 테이블에서 지역의 자선 파티로, 텔레비전과 신문으로 자신의 영역을 넓히게 된다. 돈과 명예뿐만 아니라 사회적 존경과 권위를 모두 누릴 수 있다.

2003년 기준으로 프랑스의 요리사 수는 모두 15만 명 정도다. 저녁 한 끼에 200달러가 넘는 3스타 레스토랑에서 일하는 수석 요리사는 약 50명이다. 결국 3스타 요리사는 15만 명 중 50명, 곧 3000 대 1의 경쟁에서 이겨야만 한다. 3스타 요리사가 되면 우선 프랑스식 간이 음식점인 비스트로와 같은 체인점을 오픈한다. 이름을 빌려주고 로열티를 받는 것이다. 비스트로 계약을 하고 난 다음에는 책을 낸다. 프랑스에서 한 해 동안 팔리는 요리와 레스토랑 관련 책은 300여 종으로 총 300만 부 정도 출간한다. 그러나 요리사가 직접 책을 쓰는 경우는 거의 없다. 대부분 대필자가 쓰고, 기껏해야 구술할 뿐이다. 책은 특정 회사의 제품을 판매하기 위한 수단으로도 활용된다. 책을 내고 난 다음에는 다른 나라로 영역을 넓혀 레스토랑을 오픈한다. 가장 관심을 끄는 도시는 뉴욕과 도쿄다. 이 밖에 와인 그릇이나 치즈를 자신의 브랜드로 만들어 팔거나, 다른 업자가 팔도록 다리를 놓아주기도 한다. 보통 3스타 요리사의 연간 수입은 20만 달러 정도로 알려져 있다. 그러나 비스트로와의 계약이나 책 저술, 식품 판매 등의 수입을 고려하면 연 수입은 최소 100만 달러를 넘는다.

여성 요리사와 미슐랭

3스타 요리사를 얘기할 때 자주 거론되는 이야기 중 하나는 여성 요리사를 차별하는 것이 아닌가하는 점이다. 실제로 3스타 여성 요리사는 찾아보기 어렵다. 그러나 결코 여성이 남성보다 실력 면에서 떨어지는 것은 아니다. 보다 근본적인 이유는 체력이다. 일류 요리사는 무엇보다 튼튼해야 한다. 곧 하루에 15시간 이상 계속 일할 수 있는 건강이 뒷받침되어야만 한다. 신선한 재료를 구하기 위해 새벽 3시에 일어나 시장에 가야 하고, 레스토랑의 위생이나 내부 장식, 웨이터에 대한 훈련, 서비스 확인, 손님과의 대화, 경영에 이르는 모든 과정에서 최고의 실력과 성과를 보여야만 3스타 요리사가 될 수 있다. 요리사는 주방에 들어가는 순간 지킬 박사로 변신한다. 항상 시간에 쫓기면서도 완벽한 요리를 만들어야 하기 때문이다. 반면 주방에서 벗어나면 늘 여유와 웃음으로 손님들을 맞이해야 한다. 유명 요리사들 가운데 30대에 심장마비로 숨지는 사람이 많은 이유는 바로 보통 사람이 견디기 힘든 격무와 스트레스 탓이다.

North America

미국에
간다면
이곳만은
꼭

뉴욕의 빛나는 별

장 조지

오페라뿐만 아니라 요리 또한 빼어난

그랑 티에

소울 푸드

실비아 할렘

거품을 빼도 맛과 분위기만은 최고

모모후쿠 누들 바

지옥의 주방에서 살아남은 뉴욕의 한식당

단지

자유의 도시 샌프란시스코가 만든 요리

루체와 프랜시스

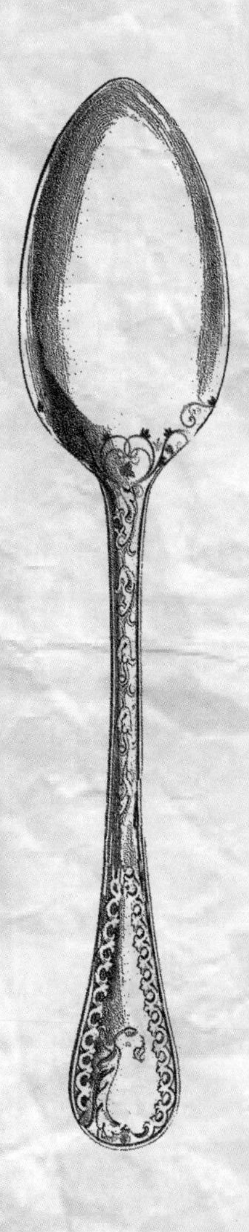

뉴욕의 빛나는 별

장 조지
Jean Georges

뉴욕은 돈이 넘치는 곳이다. 전 세계가 휘청거려도 뉴욕은 끄떡없다. 월스트리트가 만드는 자본주의의 힘이 무엇인지를 실감할 수 있는 곳이 뉴욕이다. 어디를 가도 세계 최고의 물건을 볼 수 있고, 고급 부티크에는 언제나 사람들로 넘친다.

돈과 사람이 붐비는 곳에 음식이 빠질 수 없다. 이탈리아 로마가 그러하듯 월스트리트에 의존해 살아가는 뉴요커들은 맨해튼을 탐식과 미식의 도시로 발전시켜왔다. 뉴욕은 1년 365일 매일 다른 레스토랑에서 다양한 음식을 선택할 수 있는 도시다. 뉴요커는 생존을 위해 먹는 것이 아니라, 먹고 마시기 위해 살아가는 사람들이다.

맨해튼과 퀸스를 포함하여 뉴욕 주변 지역에는 약 2만 5000여 개의 레스토랑이 있다. 과연 이 수많은 레스토랑 가운데 맛과 분위기, 서비스, 가격을 모두 충족시킬 가장 매력적인 레스토랑은 어디일까? 뉴요커라면 이 질문에 대한 답을 미슐랭 레드가이드에서 찾는다.

2012년 기준으로 미슐랭은 뉴욕 레스토랑 62곳에 스타를 주었다. 그중 젊은 뉴요커들에게 가장 사랑을 받는 곳은 단연 장조지다. 센트럴파크에 인접한 트럼프 호텔 안에 위치한 장 조지 레스토랑은 미슐랭 스타 레스토랑이라는 게 믿기지 않을 만큼 가격이 저렴하고, 식당 영업 시간이 비교적 길며, 칼로리가 낮은 음식이 많다.

부담 없이 맛보는 뉴욕의 3스타

2010년 한국계 부인과 함께 서울에 다녀간 적이 있는 셰프 장 조지는 프랑스 음식을 바탕으로 일본 요리를 가미해 아시아인에게도 친숙한 요리를 만든다. 메뉴에는 아예 일본어로 사시미, 와사비, 시소, 유즈라는 단어가 나올 정도로 일본색이 강하다.

New-York
3 starred Restaurant

Chefs Table at Brooklyn Fare
Daniel
Eleven Madison Park
Jean Georges
Le Bernardin
Masa
Per Se

2012
MICHELIN Guide
New York

2012년 뉴욕의 3스타 레스토랑 목록

뉴욕 최고의 레스토랑 대부분은 프랑스 셰프가 주인이지만 주방의 2인자는 일본인 요리사라는 말이 있다. 장 조지 역시 그러하다. 뉴욕에서 일본 요리는 프랑스 요리와 더불어 가장 인기가 높고 비싼 음식이다. 미슐랭의 3스타를 받은 일본 레스토랑 마사는 약간의 반주를 곁들인 한 끼 저녁 식사 가격이 한 사람당 무려 1천 달러나 한다. 그럼에도 최소한 3개월 전에 예약을 해야만 식사가 가능하다. 뉴욕의 미슐랭 2스타 레스토랑 모모후쿠 역시 사정은 마찬가지다. 모모후쿠의 주방을 책임지는 한국계 셰프 데이비드 장은 자신의 요리 철학이 한국 음식에 기반을 두고 있다고 말하지만, 대부분의 뉴요커들은 모모후쿠를 일본 레스토랑으로 알고 찾아간다.

한편 장 조지에서는 부담 없는 가격으로 미슐랭 3스타의 음식을 음미할 수 있다. 런치 스페셜에는 두 개의 코스 요리를 28달러에 먹을 수 있다. 28달러라니! 아무리 런치 스페셜이라지만, 보통 같은 수준의 레스토랑에서 먹는 한 끼 점심 식사 가격이 약 80달러나 하는 데 비해 장 조지의 가격은 믿기 힘들 정도로 싸다. 점심시간이면 장 조지는 항상 만원이다. 한편 점심 코스에는 별도로 메뉴를 추가할 수 있다. 메뉴 하나에 14달러씩 추가 비용을 더 지불하면 된다. 똑같은 음식이지만 저녁이 되면 가격은 두 배로 비싸진다.

이탈리아식 애피타이저와 생선 요리, 육류 요리로 구성된 3개의 코스 음식을 주문했다. 본격적인 식사에 앞서 잘게 간 호박에 레몬 와시비를 넣은 노란색 수프가 나왔다. 이탈리아의 부르세타처럼 사시미와 채소를 첨가한 작은 빵도 곁들였다. 전체적으로 식욕을 돋우는 새콤한 음식들이다. 애피타이저로는 프랑스 요리의 대명사인 푸아그라를 주문했다. 파인애플과 말린 포도, 중국 사천성 후추가 가미되었다. 개인적으로는 레몬을 넣은 간장으로 요리한 푸아그라가 가장 맛있다고 생각하지만, 감히 프랑스 요리의 대명사에 간장을 뿌린다는 점에서 아직 그 어떤 레스토랑도 시도한 적이 없는 듯했다.

퍼스트 메인 요리는 송어와 달걀, 레몬 그리고 그리스 요리의 필수 향신료인 딜이 버무려진 사시미였다. 생선 요리에 어울리는 캘리포니아 내퍼밸리의 화이트 샤도네이 와인도 곁들였다. 프랑스 요리에서 가장 어려운 것 중 하나가 달걀 요리다. 삶거나 기름에 튀겨서 간단하게 만들 수 있다고 생각하지만, 실제 프랑스 셰프의 실력을 가늠하는 척도로 달걀이 자주 등장한다. 어느 정도 탄력성을 갖고, 다른 음식들과 조화를 가지면서 달걀이 갖는 신선함을 전달해주는지가 관건이다. 사시미와 달걀의 결합은 발상도 대단하지만, 역하게 느끼기 쉬운 두 재료를 혀와 치아의 감촉에 거부감이 들지 않도록 신선하게 만들었다는 점에서 모두의 감탄을 자아내는 요리임에 틀림없다.

세컨드 메인으로 주문한 것은 장 조지가 자랑하는 요리 중 하나인 연한 쇠고기 스테이크다. 와인은 육류는 물론 생선에도 어울리는 프랑스 부르고뉴 지방의 피노 누아르를 선택했다. 스테이크는 잘게 썬 바질이 올라간 쇠고기와 육즙, 그리고 기름에 튀긴 양파가 어우러져 신비한 맛을 냈다. 미국에서 먹는 스테이크는 프랑스 요리점인지 순수 미국 요리점인지에 따라 익히는 정도를 구별해서 주문해야만 한다. 같은 미디엄이라 하더라도 미국 요리에선 피가 살짝 보일 정도이지만, 프랑스 요리에선 피가 거의 보이지 않을 정도로 조리가 되기 때문이다.

맛이란 좋은 레스토랑이 되기 위한 한 가지 요소일 뿐

장 조지는 음식만이 아니라 와인 리스트도 탁월하다. 전 세계 모든 와인을 갖추고 있음은 물론이고, 계절별로 바뀌는 와인 목록은 젊은 뉴요커의 가슴을 설레게 한다. 와인 잔은 하나에 최하 30달러나 하는 리델 잔을 사용한다. 얇고 투명하며 적당한 무게를 가진 잔일수록 와인의 맛을 더해주기 때문이다. 와인의 가격은 최하 50달러에서 최고 1만 달러가 넘는 로마네 콩티까지 다양하게 준비되어 있다. 와인계의 미슐랭에 해당하는 와인 전문 잡지 ≪와인 스펙테이터≫는 2009년 장 조지를 최고의 와인 리스트를 갖춘 레스토랑으로 평가했다.

3스타 레스토랑이 되기 위해서는 서비스도 완벽해야 한다. 이를테면 화장실 등의 용무로 잠시 자리를 비웠다 돌아왔을 때 냅킨이 책상 위에 다시 정리돼 있어야 하고, 자리에서 일어설 때나 앉을 때는 의자를 빼거나 밀어주어야 한다. 와인 잔이 빌 때는 따로 부르지 않더라도 곧바로 와서 와인을 새로 따라주어야 하며, 다른 와인을 원하는지 등을 물어보아야 한다. 장 조지는 이 모든 서비스를 갖추고 있다.

음식에 관한 한 그 누구든 자신이 먹고 자란 요리에 대해 자부심을 갖기 마련이다. 어릴 때부터 어머니가 만들어준 음식이 가장 맛있게 느껴질 수밖에 없다. 한국인 입맛에는 한국 음식이, 중국인 입맛에는 중국 음식이 최고다. 그러나 미슐랭 가이드는

센트럴파크 입구 근처 트럼프 호텔 안에 위치한 장 조지 레스토랑.

맛만이 아니라, 음식의 장식, 서비스, 분위기, 와인이나 음료와의 조화, 청결도, 내부 장식 등을 아우르는 종합적인 관점에서 평가한다. 혀로 느끼는 맛이 가장 중요하기는 하지만, 맛은 평가 기준의 50퍼센트 정도만을 차지한다. 맛은 좋은 레스토랑을 구성하는 요소 중 하나에 지나지 않는다는 것이 미슐랭의 철학이다.

MENU

호박 수프

간 호박에 레몬 와사비를 넣어 만든 수프

송어 요리

그리스 요리의 주 향신료인 딜을 넣어 만든 요리

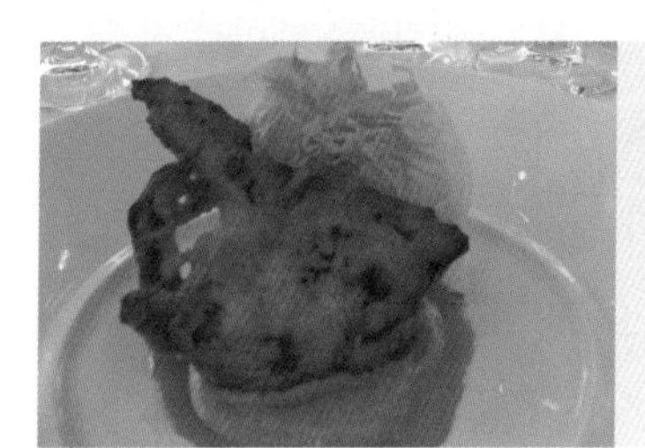

연한 쇠고기 스테이크

양파 튀김과 잘게 썬 바질 소스로 덮은 쇠고기 스테이크

오페라뿐만 아니라
요리 또한 빼어난

그랑 티에

The Grand Tier

여행지를 결정할 때 가장 중요하게 여기는 것은 무엇일까? 사람마다 생각이 다르겠지만, 주변 환경도 중요한 고려 대상이다. 문화 유적지뿐만 아니라 호텔, 레스토랑, 콘서트, 특산품 등도 중요하다. 낮에는 유적지를 찾아다니느라 바쁘지만, 밤이 되면 전통과 역사를 가진 레스토랑이나 수준 높은 콘서트, 현지 젊은이들이 즐겨 찾는 이국적인 바에도 가고 싶다. 여행은 공간을 이동해 시각, 미각, 청각, 후각은 물론 더 나아가 내 안에 잠들어 있는 육감까지 자극할 수 있는 새로운 도전이다. 에펠탑을 직접 보고, 꼭대기 레스토랑에서 식사를 하고, 에펠탑을 테마로 한 뮤지컬과 그림을 감상한다면 프랑스가 더욱 친밀하게 다가올 것이다.

오페라도 마찬가지다. 오페라는 세계적인 오페라 가수나 연출가, 오케스트라와 같은 음악적 요소만으로 이뤄지지 않았다. 100년의 역사를 가진 오페라하우스의 조형미, 발코니에서 볼 수 있는 각종 예술 작품, 붉은색 커버와 주단으로 장식된 객석, 무대

앞을 가린 초대형 막에 그려진 문양, 오페라하우스를 거쳐 간 수많은 가수와 지휘자들의 흔적, 오페라하우스 어딘가에 붙어있는 작은 박물관……. 이 모든 공간, 흔적, 시간, 예술적 주변 환경이 테너와 소프라노의 노래와 함께 오페라의 매력을 빛나게 한다.

샤갈과 함께하는 식사하면 그곳이 곧 세계 최고의 레스토랑

'메트'라 불리는 뉴욕 메트로폴리탄 오페라하우스는 음악과 주변 환경이 뿜어내는 오라Aura가 돋보이는 곳이다. 게다가 100년이 넘는 역사의 흔적은 고풍스러움까지 풍긴다. 전설의 테너 카루소가 입었던 피에로 의상, 베르디의 〈라 트라비아타〉에서 소프라노가 피를 흘리는 장면에서 사용했던 손수건, 제2차 세계대전 동안 지하에 버려졌던 작곡가 바그너의 흉상, 도밍고의 40년 메트 역사를 기념하는 대형 초상화 등은 메트를 더욱 빛나게 만든다.

메트를 방문할 때 빼놓지 말아야 할 곳이 또 있다. 그랑 티에 레스토랑이다. 음식과 음악은 하나로 통한다. 좋은 음악과 좋은 음식은 서로를 받쳐주는 동전의 양면과 같다. 텔레비전의 불륜 드라마를 보면서 먹는 음식은 아무리 고급이더라도 미식과는 거리가 멀다. 싸구려 음식이라도 모차르트의 음악을 들으며 식사한다면 그곳이 곧 품위 있는 테이블로 변한다.

그랑 티에의 실내에는 시가로 1억 달러가 넘는 샤갈의 대형 그림이 두 점 걸려 있다. 이런 그림과 함께 하는 식사라니! 19세기에 태어난 샤갈의 흔적이 3세기에 걸쳐 배어 있는 레스토랑이란 사실 하나만으로도 그랑 티에를 뉴욕 최고의 명소로 꼽을 만하다.

사실 박물관이나 오페라하우스의 레스토랑은 별로 추천할 만한 곳이 못된다. 쉽게 말해 분위기만 좋을 뿐 값도 비싸고 음식의 질적 수준도 떨어진다. 파리 루브르 박물관 안에 있는 그랑 루브르 레스토랑은 우아한 분위기와 달리 음식의 맛은 아마 프랑스 최악이 아닐까 싶다. 그 악몽 탓인지 메트 오페라하우스에서 공연을 보기 전에는 근처 식당에서 식사를 해결하곤 했다. 그랑 티에에 들르기로 결심한 이유는 미식가 친구가 던진 말이 내 마음을 움직였기 때문이다.

"독일 출신 셰프가 만드는 프랑스와 캘리포니아 퀴진의 조합을 뉴욕 레스토랑에서 즐길 수 있다. 음식을 과학으로 받아들이는 독일인이 예술적 감각의 프랑스 요리에 아시아와 자연의 맛을 기본으로 하는 캘리포니아 퀴진을 집어넣어, 자본주의의 최고봉인 뉴욕에서 영업을 하고 있다."

그럴듯한 정보의 발원지를 묻자, 친구는 뜻밖에도 그랑 티에라고 답했다. 나는 되물었다.

"아무리 분위기가 최고라고 해도 미슐랭 스타도 하나 없는 레스토랑에서 어떻게 맛을 논한단 말이지?"

미식가 친구는 웃으면서 도전조차 해보지 않는 것보다는 한번 가보는 것도 재미있지 않느냐고 했다.

메트 레스토랑을 책임지는 독일인 셰프 요하임 스프리할의 명성을 확인하기 위해 2011년 2월 말 플라시도 도밍고가 출연한 타우리드의 〈이피게네이아〉 공연에 맞춰 메트 오페라하우스를 다시 찾았다. 원래 호텔 관리인으로 사회에 첫발을 디딘 스프리할은 23살 때 프랑스에서 뒤늦게 요리를 배웠다. 그는 음식보다 경영에 먼저 손을 댄 특이한 경력을 가지고 있다. 1980년대에 미국 캘리포니아로 건너온 뒤 정통 프랑스 요리를 바탕으로 한 캘리포니아 퀴진이라는 특이한 음식 장르를 개척하였다. 프랑스인 셰프라면 프랑스 퀴진만을 고집하겠지만, 독일인이기에 아무런 편견 없이 프랑스, 캘리포니아, 아시아, 남미를 전부 하나로 묶어 요리할 수 있었으리라.

그랑 티에는 오페라하우스 2층의 동쪽 창문 쪽에 있다. 샤갈의 그림 바로 아래층이 레스토랑이다. 따라서 바깥에서도 식사하는 모습을 볼 수 있다. 테이블 수는 100개가 넘는다. 오페라 관람객을 위한 식사만이 아니라, 메트 기금 모집이나 갈라 파티용 이벤트도 열린다. 파티의 드레스 코드는 턱시도와 이브닝드레스가 기본이다. 보통 오페라는 저녁 8시에 시작한다. 그랑 티에 는

천장이 높아 공간이 넓어 보이는 그랑 티에 레스토랑 실내.

저녁 6시부터 문을 연다. 1층에서 체크를 하기 때문에, 오페라 티켓을 가진 사람만이 레스토랑에 들어갈 수 있다. 식사를 하지 않는 관람객은 저녁 7시 30분부터 입장할 수 있다. 따라서 식사를 겸하면 레스토랑은 물론 오페라하우스 내부를 1시간 30분 정도 독차지하는 기분을 만끽할 수 있다.

저녁 6시 30분쯤 메트 안으로 들어섰다. 레스토랑은 이미 꽉 차 있었다. 사람은 많지만 워낙 천정이 높고 공간이 넓기 때문에 불편하다는 생각은 들지 않는다. 메트 레스토랑에서 가장 좋은 테이블은 샤갈의 그림 바로 아래 놓인 창가 자리다. 고개만 들면 샤갈의 그림이 눈앞에 걸려있고, 창문 밖으로는 광장의 분수와 아름다운 조명이 화려한 밤을 수놓는다. 이 멋진 광경을 놓치고 싶지 않아서 일찌감치 예약을 해두었다.

공연 전에 먹는 음식이라고 해서 아무렇게나 때워서는 안 된다. 메뉴는 당연히 '프리 시어터'로 할 생각이었다. 프리 시어터란 오페라 공연의 시간에 맞추기 위해 음식을 빠르게 제공하는 메뉴를 의미한다. 문자 그대로 무대 공연 시작 전에 먹는 간단한 식사다. 4시간 동안 진행되는 오페라 공연에 앞서 하는 식사는 1시간 반 안에 끝내야 한다. 보통 세 개 코스가 나오지만, 두 개 코스만 나오는 메뉴도 있다. 메트는 물론 뉴욕 브로드웨이 주변의 레스토랑은 모두 프리 시어터 메뉴를 제공한다. 메뉴표의 가격을 본 순간 프리 시어터에 대한 생각은 사라졌다. 고작 두 개 코스에 52달러라니 너무 비싸다. 결국 하나씩 따로 주문하는 아 라 카르테를 선택했다. 애피타이저와 메인을 각각 주문하고, 가볍게 입가심으로 마실 와인, 메인 요리와 함께 마실 와인을 한 잔씩 주문했다. 와인은 이탈리아 스파클링 와인 프로세코 조닌과 오리건 주의 피노 누아르 빅 파이어를 골랐다.

원래 이탈리아는 프랑스 샴페인에 앞서 스파클링 와인을 만든 나라다. 주로 베니스 주변에서 자주 마시는 프로세코는 저렴한 스파클링 와인의 대표 주자다. 이탈리아 북서쪽 프랑스에 접한 피에몬테 지방의 스파클링 와인은 스푸만테로 불린다. 프랑스에 가깝고 상대적으로 단맛이 적은 스푸만테는 프로세코보다는 비싸다. 식사에 앞서 스파클링 와인을 시키는 것이 서양에서는 일반적인 습관이지만, 프랑스와 이탈리아의 와인 가격이 대단히 차이가 난다는 점은 주의해야 한다. 고급 레스토랑의 가장 큰 수입원은 식사 전에 주문을 받는 스파클링 와인이라고 한다. 미슐랭 스타를 가진 레스토랑에서 웨이터의 권유에 따라 멋모르고 프랑스 샴페인을 한 잔 시킬 경우, 최하 30달러는 각오해야 한다.

먼저 애피타이저로 나온 것은 스펙, 프로슈터, 물냉이, 꽃상추가 어우러진 샐러드였다. 한국 냉이가 물속에서 길게 자란 듯한 모습을 띤 물냉이는 철분과 칼슘이 풍부하다. 허브처럼 향이 강하기 때문에 정통 프랑스 요리에는 사용하지 않는다. 소스를 중시하는 프랑스 요리는 소스의 맛을 죽이는 강한 맛의 재료를 혐오한다. 이 때문에 마늘과 생강은 프랑스 요리에서 가장 멀리한다.

반면 영국인들은 물냉이를 즐겨 먹는다. 샌드위치에 넣어 먹기도 한다. 꽃상추는 한국의 배추나 상추의 하얀 순과 맛이 비슷하다. 최근 프랑스 요리의 아성에 도전하는 벨기에 요리에서는 꽃상추를 다양하게 활용한다. 둘 다 강한 맛에 익숙한 한국인 입맛에 잘 맞는 재료들이다.

스펙과 프로슈터는 이탈리아 북부 방식을 따라 나무를 이용한 훈제로 만들었다. 팔마 프로슈터에 비해 질감이 다소 딱딱하고 짠맛이 강하다. 그러나 개인적으로는 나무 향이 깊게 배인 이 스펙을 더 선호한다. 흥미로운 것은 메트 레스토랑 메뉴판에는 프로슈터라는 이탈리아어 대신에 햄이란 영어가 기재되어 있다는 점이다. 스페인에서 하몽이라 부르는 프로슈터를 굳이 영어로 표현한 이유는 이탈리아에서 만든 것이 아님을 의미한다. 샐러드 위에 올린 로케포트 치즈는 블루 치즈의 사촌뻘 되는 영국 치즈다. 여기에 프랑스 샐러드에서 빠지지 않는 호두 씨앗과 꿀에 재어 얇게 썬 사과도 곁들였다. 샐러드 하나에 영국, 프랑스, 이탈리아, 벨기에가 전부 들어가 있는 셈이다.

그 귀한 사프란을 마요네즈 소스에 넣어 먹게 되다니

메인은 점보 새우 요리로, 삶은 왕새우 네 마리가 아이올리 소스와 칵테일 소스, 레몬 워터와 함께 나왔다. 아이올리는 마늘 즙을 넣은 마요네즈다. 칵테일 소스는 토마토 케첩 맛과 비슷하다. 먹는 순서는 왕새우를 아이올리와 칵테일 소스에 찍어 먹은 뒤, 마지막으로 레몬 워터에 손가락을 씻는 식이다. 왕새우 한 마리당 5달러나 하는 요리임에도 불구하고 나름대로 만족할 수 있었다. 이유는 아이올리 소스에서 전설의 식재료로 불리는 '사프란'을 발견했기 때문이다. 사프란은 서방 요리 역사를 통틀어 가장 비싼 음식 재료 중 하나다. 클레오파트라가 목욕을 할 때 물에 풀어 사용한 것으로도 유명하다. 한국의 제비꽃과 비슷한 생김

새를 한 사프란 꽃의 암술만을 따로 추출해 만든다. 수확은 일일이 손으로 해야 한다. 붉은 암술의 사프란은 겉으로만 봐서는 한국의 실고추와 비슷하다. 워낙 수확량이 적기 때문에 20세기 이전까지 줄곧 금값이었다.

현재 세계에서 최고급 사프란을 생산하는 지역은 스페인의 라만차다. 4년 전 그곳을 찾았을 때만 해도 사프란 1그램에 20달러 정도 했던 것으로 기억한다. 사프란이 비싸고 특별한 재료로 자리 잡은 이유는 약재, 음식, 염료로 최고의 가치를 갖고 있다고 믿었기 때문이다. 먹으면 소화가 잘되고 내장 기능이 좋아지며 성적 능력도 왕성해지는 만병통치약으로 통했다. 붉은 색이지만 가루로 갈은 뒤 물에 넣으면 황금색으로 변하기 때문에 성화나 왕의 초상화를 그릴 때 염료로도 사용했다. 중세에는 교황과 왕, 귀족의 의복용 염료로 활용하기도 했다. 한편 사프란으로 염색한 옷은 신분을 나타내는 상징이었다. 이처럼 귀한 사프란을 마요네즈 소스에 넣다니 코미디처럼 느껴질 정도다. 수백 년 된 프랑스 와인이 1달러짜리 맥주와 함께 나온 격이라고나 할까? 대량 재배를 한 유전자 조작 사프란일 가능성이 높지만, 그 유명한 사프란을 왕새우와 함께 먹을 수 있다는 것이 믿어지지 않았다. 식사 비용은 팁을 포함해 70달러 정도였다. 샤갈의 그림을 머리 위에 두고 사프란을 처음으로 체험한 레스토랑이었다는 점에서 아주 특별한 시간이었다.

MENU

프로슈터 샐러드

스페인어로 하몽이라 부르는
스펙 프로슈터와 물냉이,
꽃상추로 만든 샐러드

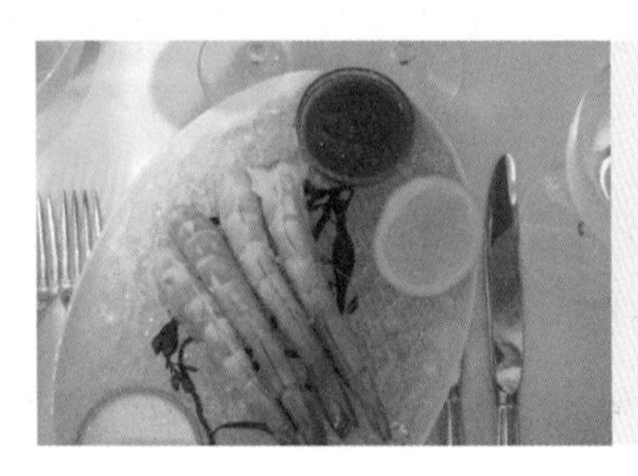

점보 새우

마늘 즙과 사프란이 들어간
아이올리 소스, 토마토 케첩 맛과
비슷한 칵테일 소스, 그리고 이
소스와 어울리는 삶은 새우 요리

note

메트의 얼굴, 샤갈이 그린 〈음악의 승리〉와 〈음악의 원천〉

100년의 전통을 이어온 종합 예술을 유지, 발전시키는 데는 다른 어떤 분야보다도 많은 노력과 희생이 필요하다. 땀과 재능을 바탕으로 만들어지는 예술은 물질적 풍요가 수반되었을 때 확산과 발전이 가능하다. 자본을 창출해내는 월스트리트를 끼고 있는 뉴욕은 바로 그러한 환경을 갖춘 최적의 무대다. 그러나 인생이 그러하듯 뉴욕 역시 항상 순풍에 돛을 달고 앞으로 나갈 수만은 없다. 폭풍을 만나 돛이 찢어지기도 한다.

금융 위기가 본격화 된 2009년 3월의 뉴욕은 강풍과 폭우가 휩쓸고 갔다. 당시 뉴욕 문화계는 세계 최고 오페라하우스 메트의 슬픈 소식을 접했다. 메트에 설치된 가로 9미터, 세로 11미터에 이르는 초대형 그림 한 쌍이 대출금 3500만 달러의 담보로 제이피 모건 체이스 은행에 넘어갔다. 담보로 넘어간 그림은 '빛과 색채의 마술사' 샤갈이 직접 그린 것이었다. 불행 중 다행으로 은행 측은 메트의 권위와 위상을 고려해 벽에 걸린 샤갈의 그림을 떼지 않고, 걸어둔 채 담보 상태를 유지하겠다고 발표했다. 특별 대우이기는 했지만 뉴욕 문화계와 시민들의 마음은 어둡기만 했다. 1년에 총 3억 달러의 돈을 퍼붓는 메트가 거듭된 재정난으로 인해, 마침내 가재도구마저 팔아야 할 처지에 놓였기 때문이다.

담보로 맡긴 샤갈의 그림은 메트 로비에 걸린 〈음악의 승리The Triumph of Music〉와 〈음악의 원천The Sources of Music〉이다. 메트를 상징하는 얼굴과도 같은 작품들이다. 음악의 승리가 붉은색을 주제로 한 데 반해, 음악의 원천은 노란색을 주요 색채로 한다. 하늘을 날고 땅을 지키는 천사와 악기, 새로운 생명의 잉태가 작품 속에 드러나 있다. 그 크기는 실로 어마어마해서, 베이징 톈안먼에 걸린 마오쩌둥 초상화를 제외하고 이처럼 큰 그림을 본 적이 없다. 두 작품은 샤갈의 다른 그림에서도 그러하듯 인생의 의미이자 목적인 자유, 환희, 순수, 젊음이 느껴지는 아름답고 따뜻한 작품이다. 뉴욕 시민이라면 누구나 자랑스럽게 여기는 뉴욕의 얼굴이다. 두 그림은 메트에서 50미터 떨어진

도로에서 봐도 화려하고 밝은 샤갈 특유의 분위기를 느낄 수 있다.

샤갈의 초대형 그림은 메트의 전설로 불리는 루돌프 빙이 있었기에 가능했다. 루돌프 빙은 1950년부터 무려 22년간 메트의 총지배인으로 일한 인물이다. 오페라에 대한 공로를 인정받아 영국 황실로부터 '경Sir'이란 호칭을 받기도 한다. 유태계 오스트리아 출신인 루돌프 빙은 유럽을 모방하던 메트를 유럽이 흠모하는 메트로 탈바꿈시킨 장본인이기도 하다. 루돌프 빙은 1966년 올드 메트에서 현재의 위치로 오페라하우스를 옮길 당시 메트의 상징이 될 만한 예술 작품을 고심했다. 샤갈은 최적의 인물이었다.

1960년대 당시 샤갈은 파리 국립 오페라 극장을 포함하여 유엔 본부, 구겐하임 미술관 등 전 세계에 흩어진 대형 문화 공간의 예술 작품을 창조해낸 인물로 유명했다. 유태계 러시아인인 샤갈은 루돌프 빙의 부인인 니나 빙과도 친분이 두터웠다. 러시아 볼쇼이 발레단의 발레리나였던 니나 빙은 메트 공연이 인연이 되어 루돌프 빙과 만나 결혼에 이르렀다. 샤갈과 니나 빙은 같은 러시아인으로서 예술적 공감대를 갖고 있었다. 당시 샤갈은 1970대 중반에 들어선 고령의 나이였지만, 피카소와 더불어 세계에서 가장 작품의 가격이 비싼 예술가로 손꼽혔다. 샤갈과 루돌프 빙의 만남은 1966년 겨울에 공연한 모차르트의 〈마술피리〉에 사용할 1막의 무대 세트로 거슬러 올라간다. 〈마술피리〉는 메트 설립 이래 연말연시가 되면 반드시 선보이는, 메트가 아끼는 오페라였다.

사랑과 동심을 동시에 느낄 수 있는 모차르트의 〈마술피리〉는 처음으로 메트에 가는 어린이에게 가장 잘 맞는 오페라로 알려져 있다. 피리를 불면서 나비를 잡는 파파게노와 밤의 여왕의 무서운 분장과 고음의 노래는 어린이들의 호기심을 자극하기에 충분하다. 샤갈은 어린이를 위한 오페라 무대의 배경으로 두 개의 큰 그림을 준비하였다. 지금도 로비에 걸려 있는 〈음악의 승리〉, 〈음악의 원천〉이 그 주인공이다. 루돌프 빙은 〈마

〈음악의 원천〉

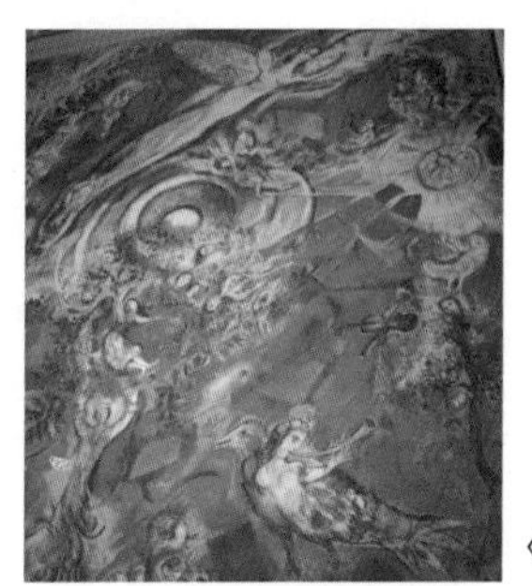
〈음악의 승리〉

술피리〉 이후 창고로 들어간 샤갈의 그림에다 액자를 붙여서 로비 벽에다 걸었다. 오페라 소품용이었기 때문에 같은 크기의 그림을 주문하는 데 드는 비용과는 비교가 안 될 정도로 저렴하게 구입했다. 당시 가로 15센티, 세로 10센티 크기의 샤갈의 연필 스케치가 이미 1만 5000달러에 거래됐다는 점을 고려한다면, 실제 가격은 천문학적 수준이리라 미루어 짐작할 수 있다.

샤갈은 새로 오픈한 메트 로비에 자신의 그림이 걸린다는 사실에 크게 만족했다. 또한 뉴욕의 유태인들에게도 특별한 의미로 와 닿았다. 유태인은 제2차 세계대전 직전까지만 해도 아예 메트 오페라 입장이 허용되지 않았다. 샤갈은 루돌프 빙과의 우정을 생각하면서 음악의 승리 아래 쪽에 왕관을 쓴 인물의 얼굴을 루돌프 빙으로 바꿔 그렸다. 메트 로비 왼쪽 그림 앞에서 손가락을 들어 뭔가를 설명하는 사람을 발견한다면, 십중팔구 지휘를 하듯 양손을 들고 있는 루돌프 빙에 관한 에피소드를 알려주는 중이라 생각하면 된다. 메트 로비는 1년 365일 24시간 불이 켜져 있다. 스와로브스키 샹들리에는 메트 로비 한복판에서 세계 최고 종합예술무대의 열정과 권위를 지켜보고 있다. 로비 좌우를 지키는 샤갈의 두 그림은 모차르트가 어린이에게 꿈을 주었듯이 뉴욕을 찾는 모든 사람들에게 사랑과 희망의 메시지를 전해준다.

소울 푸드

실비아 할렘
Silvia Harlem

'뉴욕에서 가장 정평 있는 아프리카 음식을 파는 식당은 어디일까?'

할렘에 오기 전부터 계속 머릿속을 맴돌던 생각이다. 스마트폰으로 'Best', 'African', 'Food', 'Harlem'이라는 키워드를 입력해 아프리카 음식점을 검색했다. 할렘에서 인기 있는 레스토랑이 순위별로 나왔다. 영어뿐만 아니라 프랑스어 설명도 따로 있다. 프랑스 식민지였던 아프리카의 어두운 역사가 스마트폰까지 따라 들어온 듯하다.

순위별 레스토랑 가운데 가장 먼저 눈에 들어온 곳은 세네갈 요리를 전문으로 하는 곳이었다. 할렘 중심가에서 조금 떨어진 곳에 있는 농구장 앞 116번가에 있다. 차를 몰고 가까이 가자 아프리카 특유의 강한 향내가 코를 찔렀다.

테이블이 고작 5개에 불과한 아담한 크기의 레스토랑에 들어서자 가장 먼저 2평 남짓한 부엌이 한눈에 들어왔다. 부엌을 보자마자 시장기가 사라졌다. 배달 전문 중국집에도 미치는 못하는 청결 수준 때문이었다. 한동안 입구에 서서 어수선한 분위기의 레스토랑 안을 둘러보았다. 전화로 주문을 받던 여성이 갑자기 등장한 동양인에 놀란 듯 불어 발음이 밴 영어로 "무슨 일로 왔느냐?"고 물어왔다. 결국 식사를 포기하고, 도망치듯 식당을 빠져나왔다.

황급히 밖으로 나와 스마트폰으로 다시 인터넷 검색을 했다. 다행히 조금 전 도망치듯 빠져나온 곳은 원래 가려던 곳이 아니었다. 어찌된 일인지 할렘에서 흑인을 위한 레스토랑을 찾으려면 아프리칸 푸드가 아니라 소울 푸드Soul Food라고 말해야 한다. 아프리칸 푸드 레스토랑이라고 하면 최근에 이민 온 아프리카 출신들이 만든 음식점을 일컫는다. 소울 푸드 레스토랑은 수백 년 전 미국으로 팔려온 흑인 노예의 후손들이 운영하는 곳이다. 할렘 거주 흑인들은 자신들의 음식을 영혼과 결부하여 설명한다. 이 같은 분위기는 1960년대 초 마틴 루터 킹의 공민권 운동이 본격화되면서 나타나기 시작했다. 소울 뮤직 역시 비슷한 시기에 탄생했다. 누가 먼저 사용했는지 모르겠지만, 흑인의 역사와 정서를 고려할 때 가슴 깊이 파고드는 표현이다.

한번 맛을 보면 끊을 수 없을 만큼 중독성이 강한

할렘에서 소울 푸드의 대명사를 꼽으라면 레녹스 거리에 있는 실비아를 들 수 있다. 1962년에 문을 연 실비아 레스토랑은 할렘에서 '소울 푸드의 여왕'이라고 불린다. 실비아는 프랑스 풍 음식

실비아 레스토랑은 빌 클린턴 미국 전 대통령이 수시로 찾아갈 만큼 유명한 레스토랑이다.

문화가 강하게 남아 있는 남부 사우스캐롤라이나 출신의 여주인 이름에서 따왔다. 10대 때 무작정 뉴욕으로 이주해 처음으로 직장을 구해 일하던 곳이 지금의 실비아다. 당시 그녀는 웨이트리스로 일했지만 주인이 식당을 그만두자, 자신이 레스토랑을 매입해 소울 푸드를 내걸고 지금까지 영업을 하고 있다. 공민권 운동이 한창이던 1960년대에 할렘에는 제대로 된 식당이 없었다. 이 때문에 수많은 흑인 지도자들은 뉴욕 최초의 소울 푸드 레스토랑을 자주 찾았다. 현재는 실비아 재단을 운영하면서 흑인 학생에 대한 장학금 지급과 흑인 부랑자를 위한 무료 급식 운동을 주도하고 있다.

할렘에 오는 관광객이라면 누구나 들르는 곳이기 때문에 일부러 바쁜 시간을 피해 점심시간을 조금 넘긴 1시 30분쯤 실비아 레스토랑을 찾았다. 이미 한차례 폭풍우가 지나갔는지 비교적 한산해 보이는 레스토랑 안으로 들어섰다. 레스토랑은 서서 먹고 마실 수 있는 스탠드바와 테이블 자리로 나뉘어 있었다. 예약이 필요 없는 스탠드바와 달리 테이블 좌석은 반드시 예약을 해야 한다. 예약을 하지 않았기 때문에 15분 정도 자리가 나기를 기다렸다. 기다리는 동안 레스토랑 안팎을 살폈다. 레스토랑 주인의 가족, 오마바 대통령 부부, 무하마드 알리, 마틴 루터 킹, 제임스 브라운, 마이클 잭슨, 어셔의 사진이 벽면을 길게 장식하고 있었다. 레스토랑 입구에 설치된 대기 좌석 주변에는 이곳 주인장이 쓴 소울 푸드 요리법에 관한 책이 진열되어 있었다. 참고로 가정 요리 책의 저자가 흑인인 경우는 매우 드물다.

기다린 지 20여 분 만에 자리에 가서 앉았다. 주로 흑인들이 오는 곳이다 보니 동양인은 나뿐이었다. 자리에 앉자마자 버터를 곁들인 옥수수빵이 나왔다. 옥수수빵은 소울 푸드를 대표하는 음식이다. 조리법에 따라 조금씩 다르지만, 곱게 간 옥수숫가루에 우유, 버터, 계란을 적당히 섞은 후 오븐에 구우면 끝이다. 만드는 방법은 간단하지만 실비아 레스토랑의 옥수수빵은 상당히 맛있다. 그러나 버터와 설탕이 많이 들어간 탓에 양껏 먹기는 힘들다. 음식에 버터가 들어가는 것은 한때 미국 남부를 지배한 프랑스의 영향 때문이라고 짐작된다. 프랑스가 스쳐간 곳에는 반드시 버터가 남아 있다. 과거 프랑스의 식민지였던 베트남과 캄보디아에도 버터로 만든 빵을 먹는 모습을 어렵지 않게 볼 수 있다.

자리에 앉자마자 옥수수빵이 나온 것과 달리 식사 주문은 15분을 훌쩍 넘기고서야 받으러 왔다. 소울 푸드를 처음 접하는 터라 웨이터에게 사람들이 가장 많이 찾는 메뉴를 추천해달라고 부탁했다. 웨이터는 별 성의 없이 제일 첫 번째에 적힌 메뉴를 가리켰다. '실비아가 세계에 자랑하는 바비큐 리브'라는 이름의 음식이었다. 가격은 16.95달러로 두 개의 작은 요리도 덤으로 나온다. 덤으로 나오는 요리로는 웨이터의 도움을 받아 감자 샐러드와 콜라드 그린을 주문했다. 주문을 하기까지는 꽤 오랜 시간이 걸렸는데, 정작 음식이 나오는 데 걸린 시간은 5분도 채 걸리지 않았다. 미국 레스토랑에서는 좀처럼 찾아보기 어려운 신속함이다.

작은 요리는 한 접시에 담겨 나왔다. 3인분은 족히 되어 보이는 양이다. 한국의 돼지갈비 요리와 비슷한 바비큐 리브는 실비아 레스토랑만의 특제 소스와 함께 나왔다. 토마토를 기본으로 만든 이 달콤한 소스의 이름은 '새시Sassy'다. 바비큐는 고기는 물론이고, 연골 부분의 뼈도 씹어 삼킬 정도로 부드럽다. 깊은 맛은 없지만, 한번 맛을 보면 끊을 수 없을 만큼 중독성이 강한 음식이다.

미국의 감자 샐러드는 어디를 가도 맛있다. 감자 자체가 워낙 맛이 있기도 하고, 믹서로 곱게 갈아 만들기 때문에 감자가 갖고 있는 단맛을 충분히 느낄 수 있다. 콜라드 그린은 한국에는 없는 채소다. 씹으면 씹을수록 깊은 맛이 나는 콜라드 그린은 흐물흐물해질 정도로 푹 삶아 조리하는데 그 맛은 케일과 마른 고사리를 섞은 것과 비슷하다. 아마 소울 푸드 가운데 한국인 입맛에 가장 잘 맞는 음식이 아닐까?

실비아 레스토랑의 음식은 맛에 초점을 두기보다는 역사와 전통을 살펴보면 훨씬 더 의미가 있다. 근래에는 클린턴 전 미국 대통령이 다녀갔을 뿐만 아니라, 시티그룹 사장을 포함한 중역 40여 명이 흑인 사회와의 화해를 위해 레스토랑을 찾는 등 정치와 사교의 장이라는 인식이 차츰 확산되고 있다. 심지어 흑인을 비하하는 발언으로 비판을 받아 온 폭스 텔레비전의 뉴스 앵커 빌 오렐리가 이곳에서 식사를 했다고 할 정도이니, 실비아 레스토랑의 위상이 어느 정도인지는 알 만하다.

MENU

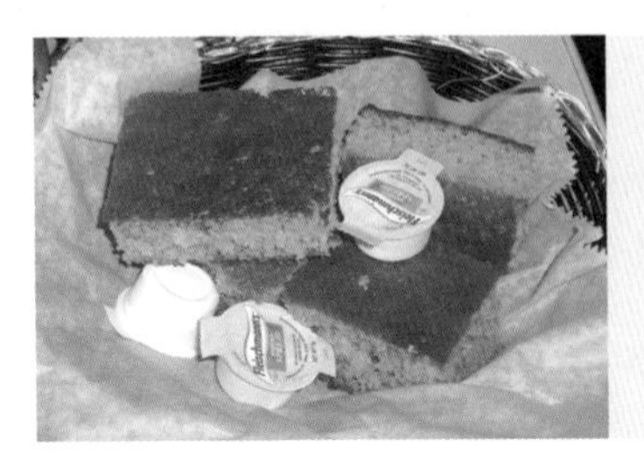

옥수수빵

소울 푸드를 대표하는
옥수수빵

바베큐 리브, 감자 샐러드, 콜라드 그린

으깬 감자 샐러드,
달콤한 맛의 새시 소스를 뿌린
바베큐 리브와 씹으면 씹을수록
채소의 깊은 맛을 내는 콜라드 그린

note

백인들은 먹지 않는 쇠꼬리로 만든 명품 요리

소울 푸드는 미국 남부 지방의 흑인 노예들이 주로 먹던 음식을 기반으로 한 전통 요리를 뜻한다. 유럽은 이미 14세기부터 조직적으로 아프리카 흑인들을 노예로 부렸다. 15세기 들어서 아메리카가 발견되면서 영국과 스페인은 아프리카 중서부 거주 흑인들을 신대륙으로 대거 실어 날라갔다. 노예 거래는 당시 가장 큰 비즈니스 중 하나였다. 남미의 카리브해와 접한 미국 남부의 항구는 매일 배를 타고 오는 흑인들로 넘쳐났다.

한편 유럽인들의 노예 사업은 각 대륙과 지역에 흩어져 있던 음식 재료들을 세계로 확산하는 계기가 되었다. 인디언의 주식이던 옥수수가 아프리카로 유입되었으며, 스페인인들이 즐겨 먹던 양배추와 모로코의 터닙Turnip(유럽 순무)이 아프리카와 남미로 넘어갔다.

백인들은 대농장에서 일하는 흑인 노예들에게는 따로 음식을 제공하거나 식비를 주지 않았다. 흑인들은 자구책으로 농장에 굴러다니는 팔다 남은 채소나, 주인이 버린 동물 내장을 모아 끼니를 때웠다. 백인들이 먹지 않고 버린 쇠꼬리, 소혀, 쇠머리, 돼지 발, 돼지 내장을 요리로 만들어 먹었다. 토끼, 삵, 너구리, 거북이 같은 동물을 잡기도 했다. 여기에 냄새를 없애기 위해 마늘, 양파, 허브와 같은 강한 향신료를 넣어 만든 거친 음식이 소울 푸드의 전형이었다. 소울 푸드는 특별한 조리법이 필요한 요리가 아니다. 그때그때 사정에 따라, 곧 재료가 무엇이냐에 따라 음식의 내용이나 맛도 다르다. 흔한 채소, 버려도 될 만한 동물 내장, 집 근처에서 포획할 수 있는 야생동물, 강한 향신료, 이 네 가지가 소울 푸드를 이루는 기본이다.

소울 푸드가 업그레이드 된 것은 흑인 노예가 해방된 이후의 일이다. 돈을 주고 직접 요리 재료를 사거나, 바다나 강으로 가서 생선을 잡을 수 있게 되고, 독립된 부엌을 갖게 되면서 고기 내장과 채소를 넣은 따뜻한 수프를 항상 먹을 수 있게 되었다. 흑인들이 미시시피 강을 따라 북상하면서 소울 푸드도 미국 전역으로 흩어져 대중화의 길로 들어섰다.

거품을 빼도 맛과 분위기만은 최고

모모후쿠 누들 바
Momofuku Noodle Bar

뉴욕은 음식과 관련된 새로운 시도가 거의 매일 이루어지는 거대한 실험장이다. 인간의 수명을 80년으로 봤을 때, 사람은 평생 약 9만 끼의 식사를 한다는 계산이 나온다. 뉴욕에서는 이 9만 번의 식사를 위해 오늘도 새로운 레스토랑이 탄생하고 있으며, 밥만 먹고 살 수는 없다고 부르짖으며 다양한 실험과 도전을 감행하는 미식가들의 입맛을 충족시키고 있다.

진짜 뉴요커는 〈뉴욕타임스〉를 읽는 법부터 다르다. 정치, 경제, 사회, 국제 면은 제목과 요점만 간단히 살펴보고 지나치기 일쑤지만, 음식 관련 기사는 토씨 하나 빠뜨리지 않고 꼼꼼히 읽는다. 그들에게 음식은 단순히 배를 채우기 위한 것이 아니다. 뉴요커에게 음식이란 인간의 오감을 자극해 창조의 길을 모색하는 아이디어의 무대인 셈이다. 매운 맛의 정도에 따라 30가지의 카레를 맛볼 수 있는 인도 레스토랑, 옷을 벗고 어둠 속에서 식사를 하는 블라인드 디너, 화려한 쇼와 함께 등장하는 요리 등은 뉴욕이기에 가능하다.

주방장 마음대로 만들어 내오기에 더욱 믿음이 가는

뉴욕의 중심가 맨해튼 이스트 10번가에 있는 모모후쿠코는 음식을 실험하는 레스토랑으로 유명하다. 모모후쿠코는 일본어로 '행운의 복숭아桃福子'를 뜻한다. 모모후쿠코의 셰프이자 오너인 데이비드 창이 한국계라 우리에게도 제법 알려져 있다. 데이비드 창의 투철한 실험 정신이 돋보이는 요리는 호기심 넘치는 뉴요커의 호평을 받으며 2012년 미슐랭 2스타를 얻었다. 데이비드 창의 실험 정신은 식사 비용만 봐도 짐작이 가능하다. 점심은 175달러, 저녁은 125달러로 점심보다 저녁이 더 싸다. 이 역시 통념을 깬 실험이다. 식사 시간 또한 마찬가지다. 저녁 식사 시간이 점심보다 한 시간 짧다. 다이어트 미식가들에게는 반가운 소식이다.

모모후쿠코의 메뉴는 단 한 가지다. 자리에 앉으면 별도의 주문 없이 셰프의 권한으로 그날의 코스가 나온다. 이른바 오마카세おまかせ('맡겨줘'라는 뜻. 곧 주방장이 책임지고 알아서 내오는 요리)다. 점심은 16코스, 저녁은 10코스 내외다. 제철 재료만을 고집하여 만들기 때문에 음식의 맛은 물론이고 신선도, 색감, 건강 등 어느 것 하나 놓치지 않는다. 다만 데이비드 창이 한국계 요리사라고 해서 한식을 기대한다면 실망할 수도 있다. 이곳의 요리는 프랑스와 일본의 조리법을 바탕으로 한다.

주방을 책임지는 요리사는 세 명이다. 식사에 곁들일 반주를 책임지는 담당자를 포함해 모두 네 명이 모모후쿠코를 이끌어 간다. 일본의 오마카세 서비스를 보면 대체로 웨이터가 따로 없는 경우가 많다. 요리사가 손님의 눈앞에서 만들어 곧바로 테이블에 올려주기 때문이다. 모모후쿠코도 마찬가지다. 괜찮은 와인을 시킬 경우 1인당 300달러가 넘는 고급 레스토랑이지만, 개인용 테이블도 없다. 바 스타일의 긴 식탁만 덩그러니 놓여 있기 때문에 옆에 앉은 사람과 팔을 부딪쳐가며 식사를 즐길 수밖에 없다. 모모후쿠코의 좌석은 전부 12개다. 자리가 한정되어 있기 때문에 예약은 하늘의 별따기만큼 힘들다.

뉴욕에는 뉴요커의 호기심을 자극하기 위해 값도 싸고 양도 많은 박리다매 전법의 레스토랑과 최고급 서비스로 특별 손님만을 상대하는 레스토랑이 공존한다. 모모후쿠코는 고급 요리를 즐기는 소수의 음식 마니아를 주요 고객으로 한다. 모모후쿠코에 관한 미국 언론의 평가를 보면, 예외 없이 예약하는 데 어려움을 겪었다는 내용을 담고 있다. 예약은 오직 인터넷으로만 가능하다. 모모후쿠코에서 밥을 한 끼 먹기 위해서는 몇 개월은 기다려야만 한다.

라면과 번스, 국적 불명의 요리라 매력적인

그렇다고 마냥 기다릴 수만은 없는 노릇이라 차선책으로 모모후쿠코가 운영하는 모모후쿠 누들 바로 발길을 돌렸다. 레스토랑의 손님 수와 요리의 질적 수준은 반비례하는 경향이 있다. 게다가 모모후쿠 누들 바가 체인점이라는 말을 듣고 묘한 거부감도 들었다. 그러나 걱정과는 달리 모모후쿠 누들 바는 175달러나 하는 점심을 10분의 1의 가격으로 맛볼 수 있는, 거품을 뺀 비스트로였다. 프랑스의 3스타 레스토랑이라면 비스트로 하나씩은 갖고 있다. 게다가 인터넷 맛 평가 사이트에 따르면 모모후쿠 누들 바는 모모후쿠코 이상의 큰 인기를 누리고 있다.

그 인기를 반영하듯 모모후쿠 누들 바 역시 사람들로 넘쳐났다. 자리가 없는 것은 물론이고 대기자도 열 명은 족히 넘어 보였다. 오후 4시에 잠시 가게 문을 닫았다가 5시 30분부터 저녁 영업을 하기 때문에 더 이상 점심 식사 대기자를 받지 않는다고 했다. 별 수 없이 1번가 주변을 배회하며 5시 30분이 되기만을 기다려야 했다.

모모후쿠 누들 바로 돌아온 시간은 오후 5시 10분. 이미 50여 명의 사람들이 문이 열리기만을 기다리고 있었다. 저녁 영업 시작 시간은 정확히 5시 30분. 줄지어 있던 사람들이 한꺼번에 식당 안으로 몰려들었고, 70여 개의 좌석은 한순간에 다 찼다. 한발 늦은 사람들은 식당 안과 밖에서 자신의 순서를 기다려야 했다. 종업원들은 늘 있는 일이라는 듯 붐비는 레스토랑 안을 바삐 오갈 뿐이다.

한국인 뿐만 아니라 일본인과 미국인에게도 사랑받고 있는 모모후쿠 누들 바.

메뉴는 달랑 종이 한 장에 모두 적혀 있다. 앞면은 음식, 뒷면은 술이다. 누들 바에서 가장 인기가 높은 음식을 묻자, 모모후쿠 라면과 스파이시 라면이란 답이 돌아왔다. 점심도 거른 나는 실험 정신에 불타 웨이터의 추천 메뉴 두 가지를 다 주문했다. 모모후쿠 라면은 닭으로 우린 육수에 기름기를 뺀 부드럽고 순한 맛의 동파육과 파를 곁들여 먹는다. 동파육 스타일의 돼지 고기를 넣은 부타노가쿠니豚の角煮를 연상시키는 일본식 라면이다. 면은 인스턴트인지 수제인지 구별하기 어려웠다. 쫄깃쫄깃한 맛은 있지만 이곳만의 고유한 맛은 느껴지지 않았다.

스파이시 라면은 멕시코 스타일을 가미한 요리다. 설탕을 섞은 땅콩을 볶아 라면 위에 올리고 멕시코 고추로 맛을 냈다. 입에서 불을 뿜을 만큼 매운맛이 강하다. 먹는 내내 몇 번이나 젓가락질을 멈추고 가쁜 숨을 몰아쉬어야 했다. 그러나 단맛과 매운맛이 묘하게 조화를 이루어 먹기를 결코 포기하지 않게 만드는 매력이 숨어 있었다.

모모후쿠 누들 바에서 손님들이 가장 즐겨 찾는 두 번째 음식은 번스다. 번스란 소금 혹은 설탕으로 간을 한 흰 빵에 고기나 채소를 넣어 햄버거처럼 먹는 요리다. 돼지고기와 새우가 들어간 번스를 하나씩 주문했다. 돼지고기 번스는 일본 큐슈에서 먹었던 요리와 거의 비슷한 맛이었다. 찜통으로 쪄낸 번스 사이에 돼지고기, 오이, 파, 마요네즈를 넣었다. 일본 큐슈 지방에서는 돼지고기를 반드시 오이와 함께 먹는다. 오이가 돼지고기의 느끼한 맛을 잡아주기 때문이다.

MENU

새우 번스

꽃빵과 비슷한 종류의 빵에
새우와 채소를 넣어 먹는 요리

모모후쿠 라면

닭으로 육수를 낸 국물과
기름을 뺀 동파육을 얹은 라면

스파이시 라면

할라페뇨 같은 멕시코풍의
매운 고추가 들어간 라면

지옥의 주방에서 살아남은 뉴욕의 한식당

단지
Danji

헬스 키친Hell's Kitchen(지옥의 주방)은 영국인 요리사 고든 램지의 이름을 건 리얼리티 요리 프로그램의 제목이다. 요리 고수가 되고자 하는 도전자들이 모여 강도 높은 요리 훈련을 받는 내용이다. 주방을 지휘하는 고든 램지는 육두문자를 써가면서 도전자들이 만든 요리에 대해 신랄한 평가를 내린다. 프라이팬으로 가스레인지를 내리치고, 자르다 만 채소를 집어 던지는 일은 보통이다. 호통치는 고든 램지를 보면 지킬과 하이드의 양면성을 지닌 고급 레스토랑의 성聖과 속俗을 들여다보는 기분이 든다. 지옥의 주방에 입문한 요리사들은 험악한 레슬링 무대에서 한 판 승부를 벌이는 투사 같다. 그들이 고든 램지의 갖은 모욕과 비난을 견뎌내는 이유는 요리에 대한 열정이 있기 때문이다.

항상 현장 점검이 이루어져야

한국계 요리사가 운영하는 식당으로 2012년 미슐랭 1스타에 오른 뉴욕의 한식 레스토랑 단지는 헬스 키친이란 별명도 함께 얻었다. 고성과 욕설로 가득 찬 곳이라니 과연 어떤 곳일지 호기심이 인다. 본디 헬스 키친은 맨해튼 8번가에서 허드슨 강에 이르는 뉴욕 클린턴 지역을 지칭하는 속어다. 주소로는 웨스트 34번가에서부터 웨스트 57번가 사이에 속한다. 사람이 많이 모이는 곳에는 범죄 발생률도 높은 편인데 그중 특히, 뉴욕 클린턴 지역은 19세기 이래 미국에서 가장 위험한 우범 지대로 꼽히는 불명예를 안기도 했다. 1990년대에 접어들면서 범죄율이 차츰 줄어 요즘은 안심하고 걸어다닐 수 있게 되었다.

단지는 맨해튼 8번가와 9번가 사이에 있다. 주소는 웨스트 52번가다. 이전의 악명과 달리 21세기의 헬스 키친은 만국의 요리를 맛볼 수 있는 레스토랑이 즐비한 거리로 변신했다. 멕시코, 아르헨티나, 이탈리아, 파라과이, 태국, 일본, 중국, 베트남 등, 레스토랑 단지로 향하는 길에는 식도락 세계 여행이라도 할 수 있을 정도로 다양한 레스토랑이 자리 잡고 있다. 작고 이국적인 공간에 둥지를 튼 이곳 식당의 대부분은 값이 싸다는 공통점을 갖고 있다.

단지는 '뱀부52'라는 중국식 레스토랑과 작은 이발소 사이에 있다. 붉은 네온사인 간판 위로 뉴욕의 상징인 소방용 철제 사다리가 걸려 있다. 외관만 봐서는 미슐랭 스타 레스토랑의 고상한 이미지와는 거리가 멀다. 제법 늦은 시간에 단지를 찾았다. 밤 10시 30분. 최근 들어 가장 늦은 저녁을 먹는 셈이었다. 미슐랭 스타 레스토랑답게 늘 만원이었기 때문에 어쩔 수 없는 선택이었다. 8시, 9시, 9시40분 세 번이나 찾아갔지만 빈자리가 없었다. 자기 순서를 기다리는 대기자만 해도 10명이 넘으니, 한 시간은 족히 서서 기다려야 할 판이었다.

보통 미슐랭 레스토랑 내부는 두 부분으로 나뉜다. 음료를 마실 수 있는 바와 식사를 할 수 있는 테이블이다. 바는 테이블에 가기 위해 잠시 기다리는 곳이기도 하다. 뉴욕에서는 이성 친구를 찾는 젊은 남녀가 모이는 곳이기도 하다. 미슐랭 3스타 장 조지의 바는 청춘들의 데이트 장소로 유명하다. 단지의 내부도 바와 테이블로 나뉘어 있다. 그러나 테이블은 불과 6개 정도로, 전부 16명 정도가 앉을 수 있다. 한 가지 특이한 점은 바에서도 식사가 가능하다는 점이다.

기나긴 기다림 끝에 비로소 자리가 났다. 바에서 일어나 테이블로 이동하는데 한국계 요리사 후니 킴의 모습이 눈에 들어왔다. 주방에서 나와 손님들의 동정을 살피는 것이었다. 레스토랑의 성공 여부는 요리사의 현장 점검에 달려있다고 해도 지나치지 않다. 손님들이 얼마나 음식을 맛있게 먹는지, 어떤 음식을 많이 찾고 어떤 음식은 싫어하는지를 자신의 눈으로 확인해야만 한다.

단지의 테이블에 놓인 젓가락 배치는 한국식이다. 테이블 위의 한·중·일 젓가락 배치는 서로 다르다. 한국과 중국은 '종형'이다. 젓가락 끝이 반대편 사람을 향하고 있다. 일본은 '횡형'이다. 젓가락 끝이 왼쪽 사람을 향한다. 차림표는 테이블 아래 서랍에 있다. 한식 문양이 새겨진 귀여운 메뉴판이다. 후니 킴은 자신의 음식이 퓨전 요리로 분류되는 것을 원치 않는다고 말한다. 한식으로 정면 승부를 걸겠다는 의미다. 메뉴 역시 전통과 현대로 구분했다. 프랑스 요리처럼 애피타이저, 메인, 디저트 순이 아니라 선술집 메뉴판 같다. 코스 요리는 없고, 먹고 싶은 것을 한 접시씩 술과 함께 주문하면 된다. 술은 칵테일과 맥주뿐만 아니라 전통술과 소주도 있다.

화학조미료를 가미한 인스턴트 요리에 열광하다

우선 빵 사이에 소불고기를 끼운 햄버거를 주문했다. 파와 오이를 곁들인 소불고기는 맛은 좋지만 양은 그리 많지 않았다. 두 번째 요리는 DMZ 고기와 라면이다. 비무장지대는 미국인이 한국을 떠올릴 때 가장 먼저 생각나는 이미지 중 하나다. 이스라엘 하면 가자 지구가 떠오르듯이. 한국 전방에 파견되는 미군들은 부임 후 일주일 정도 밤잠을 설친다고 한다. 혹시 밤에 북한군이 습격할지 모른다는 무시무시한 상상 때문이다. 처음에 이 메뉴의 이름을 보고 비무장지대에서 자란 소로 요리한 음식인가 하고 생각했지만, 사실 그곳과는 아무런 관계가 없다.

단지의 음식은 한국식 세라믹 대접에 담겨 나온다. 작은 그릇도 따라 나왔다. 한국뿐만 아니라 미국의 한식당 식기는 대부분 플라스틱이다. 중국처럼 플라스틱 젓가락을 제공하는 곳도 있다. 아무리 비싼 요리라도 플라스틱에 담기는 순간 가치는 떨어진다. 한편 DMZ 고기와 라면은 신비하고 낭만적인 이름과는 달리 한국에서 먹는 인스턴트 라면과 큰 차이가 없다. 고기가 들어갔으니 언뜻 보면 부대찌개 같기도 하다. 나름대로 한국 스타일의 이국적인 요리임에는 분명하나, 좋아할 사람은 한국에 근무한 적이 있는 미군 정도가 아닐까 싶다.

앞선 요리만으로는 부족한 기분이 들어 김치와 베이컨이 들어간 파에야를 하나 더 시켰다. 파에야에는 스페인을 대표하는 딱딱한 소시지, 초리조도 들어 있다. 복잡한 음식처럼 보이지만, 매운맛을 기본으로 하는 한국식 베이컨 소시지 볶음밥이다. 계란을 올릴 경우 2달러가 추가된다. 제법 매운 이 요리가 미국인 입맛에는 어떨지 궁금해 주변을 살폈다. 다행히 모두가 그릇을 깨끗이 비운 것을 봐서는 미국인들 입맛에는 맞는 듯했다.

단지의 음식은 화학조미료를 가미한 인스턴트 요리가 주를 이룬다. 그럼에도 인기는 나날이 급상승 중이다. 세상에는 긴장과 격이 넘치는 프랑스식 레스토랑을 좋아하는 미식가가 있는 반면, 캐주얼한 분위기의 레스토랑을 찾는 사람들도 있다. 자신이 자라온 환경에 따라 발달한 미각의 영향 때문이다. 그런 점에서 단지가 인기 있는 이유를 어렴풋이 알 것도 같았다. 헬스 키친 단지는 예상과 달리 욕설이나 고함이 오가지 않는다. 그러나 그 어떤 레스토랑보다도 소음 데시벨이 높다. 작은 공간 안에서 큰 소리를 치며 먹고 마시는 분위기는 기존의 미슐랭 스타 레스토랑 이미지와는 거리가 멀다.

단지가 한식 레스토랑으로는 처음으로 미슐랭 스타를 달았다는 것은 굉장한 뉴스다. 사실 미국 내 한국 교민의 규모를 고려한다면, 뉴욕 미슐랭 레드가이드 출간 6년 만에 한식 레스토랑에 별을 준 것은 다소 늦은 감도 있다. 그러나 더욱 중요한 사실은 스타를 받았다는 것이 아니라, 앞으로 얼마나 오랫동안 스타를 유지하고 그 개수를 늘려갈 것이냐 하는 점이다.

MENU

단지 레스토랑

바와 테이블로 나뉘어 있는
단지 레스토랑 내부

불고기 햄버거

소불고기를 얹은 햄버거 요리

DMZ 고기와 스파이시 라면

한국의 부대찌개와 맛이 비슷한
라면

자유의 도시 샌프란시스코가 만든 요리

루체와 프랜시스

Luce
Frances

"도시의 공기가 자유를 만든다Stadtluft macht frei."

이 속담의 의미를 되새길 최고의 장소는 아마 샌프란시스코가 아닐까? 자유, 창조, 변화는 샌프란시스코 그 자체다. 정치, 군사, 외교에 주목하는 동부에 비해, 캘리포니아를 중심으로 한 서부의 관심 분야가 문화, 예술, 과학에 집중된 것은 결코 우연이 아니다. 변화에 민감하고 세계를 보는 눈이 열린 사람들은 하드가 아닌, 소프트한 부분의 삶에 더 큰 비중을 둔다. 21세기 세계를 뒤집어놓은 변혁의 총사령부 페이스북의 본사가 샌프란시스코 근교에 있다는 것만 보아도 이곳이 자유로 충만한 도시임을 알 수 있다.

자유, 창조, 변화와 같은 주제에 익숙한 사람들의 특징 가운데 하나는 음식에 대한 집착이 유별나다는 점이다. 음식을 즐기기 위한 출발은 관심과 흥미에서 시작한다. 지금까지 먹었던 음식이 아무리 맛있다고 하더라도, 새로운 장소에서 처음 보는 음식을 대할 때 아무런 편견이나 두려움 없이 곧바로 입에 넣을 용기가 있느냐 없느냐에 따라 미식가인지 아닌지를 판단한다.

샌프란시스코는 미식의 도시다. 동부에 뉴욕이 있다면, 서부에는 샌프란시스코가 맛의 본류로 통한다. 미국인들은 샌프란시스코를 중심으로 한 서부 해안 지역을 베이 에어리어라고 부른다. 베이 에어리어는 신대륙의 와인 성지인 내퍼벨리를 끼고 있다. 음식의 가치는 맛만이 아니라 멋이 곁들여질 때 한층 빛이 난다. 와인은 혀끝에서 해석될 음식의 수준을 스타일과 미학의 차원으로까지 발전시켜 준다. 다양한 재료와 향토색이 강한 로스앤젤레스의 음식이 서부의 대표가 될 수 없는 이유는 내퍼벨리가 가까이 있지 않기 때문이다.

샌프란시스코 지역은 뉴욕에 이어 미슐랭의 스타를 가장 많이 보유한 도시다. 2011년 10월 발표한 미국 레스토랑의 현황을 보면 미슐랭 스타에 꼽힌 레스토랑의 수가 뉴욕은 57개, 샌프란시스코 주변 지역은 39개를 기록했다. 3위는 시카고로 모두 23개였다. 스테이크와 소시지 요리가 주류인 시카고 음식은 자칭 '고기 사랑'을 부르짖는 미국인들에게는 천국일지 모른다. 그러나 채소와 해산물을 첨가한 저칼로리 음식이 높은 평가를 받는 최근의 흐름에서 본다면, 미슐랭 스타를 따낸 곳이 23개나 된다는 것은 납득하기 어렵다.

발레리나 출신 요리사가 만드는 싸고 양 많은 요리

샌프란시스코 음식의 정수를 맛보기 위해 루체와 프랜시스를 찾았다. 두 곳 모두 미슐랭 스타를 하나씩 갖고 있다(2011년 기준). 이곳에서라면 평소 궁금해하던 캘리포니아 퀴진과 아메리칸 컨템퍼러리 퀴진을 비교할 수 있을 것 같았다. 미국 내 미슐랭 스타는 대부분 프랑스, 이탈리아, 일본 요리가 차지하고 있는 데 반해, 루체와 프랜시스는 캘리포니아와 아메리칸 컨템퍼러리 퀴진으로 미슐랭의 선택을 받았다. 또 한 가지, 두 레스토랑 모두 여성 요리사가 주방을 지휘한다는 점이 호기심을 자극했다. 여성 요리사는 뉴욕이나 워싱턴 같은 동부에서는 거의 찾아볼 수 없다.

아메리칸 컨템퍼러리 퀴진을 대표하는 루체는 샌프란시스코 중심인 하워드 거리의 인터컨티넨털 호텔 안에 있다. 루체는 130개 테이블을 가진 대형 호텔 레스토랑이다. 입구의 와인 바에는 내퍼밸리의 위용을 자랑하듯 수백 종류의 와인이 진열돼 있다. 현대적 감각의 실내 장식을 선보이려 애쓴 흔적은 보이지만, 유럽에서 느끼는 깊은 맛의 분위기와는 거리가 멀다.

일부러 점심시간대가 지난 오후 2시쯤 한산한 레스토랑을 찾았다. 2010년부터 1스타를 받았다고는 하지만, 미슐랭 레스토랑 특유의 무게감이나 긴장감은 느껴지지 않았다. 어쩌면 이런 분위기도 자유의 도시 샌프란시스코이기에 가능한지도 모르겠다.

루체가 미슐랭에 오른 가장 큰 이유는 발레리나 출신인 미모의 요리사 도미니크 크렌의 영향력 때문이다. 프랑스에서 태어나 인도네시아 자카르타에서 요리 경험을 쌓은 그녀는 일본과 프랑스 음식에도 정통하다. 2008년 잡지 ≪에스콰이어≫에서 서부를 대표하는 최고의 요리사로 뽑히기도 했다. 그 후 크렌은 텔레비전 요리 프로그램에 가장 많이 나오는 유명 인사가 되었다.

점심용 3코스는 루체에서 가장 인기가 높은 메뉴다. 불과 20달러로 매일 다른 종류의 세트 메뉴를 맛볼 수 있다. 애피타이저는 잘게 갈은 감자 수프 위에 노란색 야생 버섯이 올라간 프랑스식 수프다. 감자 수프는 가장 평범한 요리 같지만, 감자 속에 숨은 단맛을 찾아내는 요리법은 대단히 어렵다. 양은 3인분은 족히 되어 보일 정도로 엄청났다.

샌프란시스코에서 가장 많은 와인 리스트를 보유한 루체에 왔으니, 이곳의 와인 맛을 보지 않고 지나칠 수는 없다. 캘리포니아산 알마 로사 2009년산 레드와 스페인산 네베라 2007년산 화이트를 각각 한 잔씩 주문했다. 와인으로 유명한 레스토랑은 아무리 싼 가격의 와인이라 하더라도 어느 정도의 수준은 유지한다. 굳이 비싼 와인이 아니더라도 맛있는 와인을 마실 수 있다.

메인 요리로 주문한 바질과 버섯, 파르메산 치즈를 넣은 파스타가 나왔다. 먹음직스런 파스타를 돌돌 말아 입 안에 넣었다. 그 순간 내 입맛이 잘못된 것은 아닌지 의심스러웠다. 알고 보니 루체의 파스타 면은 수제가 아니라 시중에서 판매하는 인스턴트 면이었다.

'세상에, 미슐랭 스타에 이름을 올린 레스토랑의 파스타가 수제가 아니라니?'

요리의 기본이 안 된 곳이란 생각이 들었다. 비싼 이탈리아산 파르메산 치즈와 야생 버섯이 싸구려 인스턴트 파스타 속에 들어가 있다는 것은 뭔가 어울리지 않는다. 체육복 차림에 루이비통 가방을 든 모습이라고나 할까? 디저트는 커피 향이 스며든 크림이었다. 프랑스의 포트 크림을 샌프란시스코식으로 만든 듯했

루체(왼쪽)는 샌프란시스코 중심인 하워드 거리의 인터컨티넨털 호텔 안에 있다. 파리의 비스트로 같은 분위기의 프랜시스(오른쪽)는 간판조차 찾기 어렵다.

다. 크림의 입자가 강한 탓인지 입에 넣는 순간 녹을 정도의 훌륭한 맛은 아니었다.

샐러드 하나에 세 나라가

두 번째로 찾아간 캘리포니아 퀴진 레스토랑 프랜시스는 미국 동성애자들의 성지인 카스트로 거리에 있다. 2010년 처음으로 미슐랭 1스타를 받은 프랜시스는 샌프란시스코에서 최고의 인기를 누리는 곳이다. 저녁에 찾은 프랜시스는 창밖에서 볼 때는 미슐랭의 이미지와는 거리가 멀었다. 오히려 프랑스 시골에서 볼 수 있는 작은 레스토랑처럼 느껴졌다. 미슐랭 스타 레스토랑임을 알리는 붉은 색 간판도 아예 찾아볼 수 없다.

레스토랑 안은 좁은 식탁 20여 개가 촘촘히 들어서 있기 때문에, 팔을 들어 포크를 잡을 만한 공간도 허락되지 않는다. 미슐랭 레스토랑이라고 하지만 파리의 값싼 비스트로 같은 분위기였다. 고급 레스토랑이라면 응당 있어야 할 흰색 테이블 커버는 아예 눈에 띄지 않았다.

프랜시스의 요리사는 멜리사 페레로다. 그녀는 샌프란시스코로 오기 전 뉴욕에서 요리 경험을 쌓았다. 좋은 레스토랑일수록 요리사의 배경이 중요하다. 국적, 체중, 어디에서 요리를 배웠는지를 아는 것은 맛있는 요리를 즐기기 위한 기본 상식이다. 예외도 있겠지만, 대체로 몸이 뚱뚱하거나 패션 감각이 뒤떨어지는 요리사는 신뢰하기가 어렵다. 맛은 멋과도 통한다. 미각이 뛰어난 사람은 다른 감각도 발달하기 마련이다. 자신의 체중도 관리하지 못하고 패션 감각이 뒤진 사람은 음식의 맛과 멋도 그만그만한 수준에 머문다. 부엌에서 일하는 날씬한 몸매의 페레로는 적어도 미각은 물론 오감 전체가 예민한 사람으로 보였다.

메뉴는 자유의 도시 샌프란시스코답게 이탈리아, 프랑스, 일본 요리가 다채롭게 뒤섞여 있었다. 애피타이저로 시킨 채소 샐러드는 프랑스 요리에 빠지지 않는 향료 타라곤을 원료로 한 식초 드레싱에 한국의 귤과 비슷한 사츠마 만다린, 북미산 푸른 게살, 미국식 배추가 곁들여졌다. 샐러드 하나에 세 나라가 공존하는 셈이다.

이탈리아 쌀의 황제 카르나롤리와 스위스 치즈 샤르페 맥스가 어우러진 리소토가 메인 요리였다. 케일 잎과 한국에는 없는 버섯 종류로 장식한 리소토는 깊은 풍미가 일품이었다. 디저트로 바닐라 아이스크림과 초콜릿 무스를 시켰는데 전날 찾아간 루체와 달리 의외로 양이 적어 적잖이 놀랐다.

프랜시스에서 흥미로운 것은 식사용 그릇이 전부 동양식 자기라는 점이다. 미슐랭 레스토랑에서 평평한 미국식 접시가 아닌, 국그릇과 같은 자기 음식을 경험한 것은 프랜시스가 처음이었다. 이 역시 여러 나라의 분위기가 혼합된 캘리포니아 퀴진의 특징 중 하나다.

프랜시스에 가는 사람에게 권하고 싶은 것은 음식도 음식이지만 와인이다. 이곳에서는 하우스 와인 한 병을 주문하면 한 병 값을 전부 내는 것이 아니라 자기가 마신 만큼만 계산한다. 웨이터에게 이런 계산 방식이 샌프란시스코식이냐고 물었다. 그러자 웨이터는 웃으며 '프랜시스 온리'라고 대답했다. 이 같은 계산 방식 때문에 프랜시스의 하우스 와인은 눈금이 선명하게 새겨진 시험관 용기에 담겨 나온다. 100밀리리터당 약 5달러 정도다. 가격은 싸지만 이곳 하우스 와인의 생산지는 모두 내퍼밸리다. 따라서 맛은 대단히 훌륭하다. 프랜스시만의 독특한 와인 판매 방식 덕분에 식사를 하는 동안 50밀리리터씩 다섯 종류의 하우스 와인을 골고루 맛보는 호사를 누렸다.

두 곳을 다녀오고 나서, 컨템퍼러리와 캘리포니아 퀴진의 차이를 알고자 했던 원래 의도는 잊기로 했다. 샌프란시스코 사람들이라면 구별해낼 수 있겠지만, 차이점보다는 공통점이 더 많았다. 요컨대 버섯과 신선한 채소와 같은 저칼로리 재료를 사용하는 다국적 음식, 어디를 가도 싼 가격에 높은 품질의 와인을 즐길 수 있다는 것이 아메리칸 컨템퍼러리와 캘리포니아 퀴진이라 하겠다.

MENU

LUCE

감자 수프

노란색 야생 버섯이 올라간
프랑스식 감자 수프

루체의 파스타

바질과 버섯, 파르메산 치즈를
넣은 파스타

MENU

FRANCES

샐러드

타라곤을 원료로 한 식초 드레싱과
사츠마 만다린, 게살과
미국식 배추로 만든 샐러드

프랜시스의 리소토

이탈리아 쌀의 황제 카르나롤리와
스위스 치즈 샤르페 맥스가 어우러
진 리소토

워싱턴 파워 런치

옆자리에 백악관 비서실장 잭 류가 있어도 놀라지 마시기를

파워 런치. 영어 신문을 읽다 보면 가끔씩 마주치는 단어다. 파워 런치에서 파워란 말 그대로 세속적인 의미의 힘, 곧 돈이나 권력을 의미한다. 파워 런치란 돈과 권력을 갖고 있는 사람을 위한 점심, 또는 더 많은 돈과 더 강한 권력을 지향하는 사람들이 나누는 비즈니스 점심을 의미한다. 점심의 주체가 돈과 권력을 가진 사람이기에, 주된 화제 또한 타협을 통해 돈과 권력을 어떻게 주고받느냐 하는 것이다. 파워 런치가 가장 잘 어울리는 도시는 워싱턴이나 뉴욕일 수밖에 없다. 원래 파워 런치라는 말도 뉴욕 월스트리트에 기원을 두고 있다.

미국에서 파워 런치를 실감할 수 있는 곳은 워싱턴이다. 워싱턴에는 미국 권력의 핵심 기관인 백악관, 의회, 연방 대법원, 연방 정부 등이 몰려 있다. 전 세계의 정치, 외교 관련 최고 지도자들도 수시로 방문한다. 미국 핵심 권력과 워싱턴 내 200여 대사관의 4만여 외교관, 각종 시민 단체와 로비 회사 등 워싱턴을 구성하는 엘리트들이 파워 런치의 주된 고객이다.

파워 런치의 하이라이트는 대통령과의 식사다. 대통령은 워싱턴에 있는 동안에는 상대를 백악관으로 직접 초대해서 파워 런치를 즐긴다. 의회 지도자나 경제인들과 함께 점심을 하면서 의견을 나누고 자신의 의사를 전달한다. 파워 런치가 주로 백악관으로 한정되는 이유는 국민의 반감을 덜기 위해서다. 수많은 경호원을 대동하면서까지 밖에 나가 식사를 해야만 하는가 라는 비난을 받을 수 있기 때문이다. 물론 대통령도 가끔 갑자기 차에서 내려 햄버거나 소시지를 사 먹는 식사 모습을 연출한다. 마치 우리나라의 대통령이 재래시장을 방문하여 어묵을 먹는 것과 같다.

파워 런치는 오히려 백악관을 멀리 벗어났을 때에 자주 이루어진다. 2010년 9월 오바마 대통령과 클린턴 전 대통령 사이에 이뤄진 뉴욕의 파워 런치가 대표적인 예다. 당시 파워 런치는 뉴욕 그리니치 빌리지의 이탈리아 레스토랑 일 무리노에서 있었다. 경제 위기에 맞서 전, 현직 두 대통령이 함께 머리를 맞대고 해결책을 논의하였다. 파워 런치 이후, 레스토랑 일 무리노의 식사 예약이 하늘의 별 따기가 되었음은 물론이다.

워싱턴은 좁은 곳이다. 괜찮은 레스토랑에서 식사를 하다 보면, 가끔씩 신문이나 방송에서만 보던 유명 정치인, 기업가, 언론인을 바로 옆 테이블에서 볼 수 있다. 파워 런치는 누가 어떤 사람과 만나 식사를 한 곳이라는 소문과 함께 그 가치를 더해간다. 〈워싱턴포스트〉의 스타일 섹션에서는 거의 매일 '워싱턴의 실력자가 어떤 레스토랑에서 무엇을 먹었다'는 식의 기사가 나온다. 키신저와 중국 지도자가 함께 식사를 나눈 중화 요리 집, 콘돌리자 라이스가 흑인 랩 가수와 함께 찾은 에티오피아 레스토랑, 사르코지 대통령 부부와 프랑스 출신 오페라 가수가 즐긴 오리고기 전문 레스토랑 등.

유명인이 간 레스토랑이 나와 무슨 관계가 있느냐고 말하는 사람도 있을 것이다. 그러나 자신이 알고 있는 인물이 어떤 곳에서 식사를 했다는 소식에 호기심을 느끼지 않기란 힘들다. 단순히 비싼 음식을 즐기거나 유명인을 흉내 내는 것이 아니라 현재진행형으로 이뤄지는 정치, 역사, 문화를 몸으로 느낄 수 있기 때문이다.

파워 런치의 현장을 체험할 수 있는 곳으로, 백악관 뒤편의 레스토랑 세 곳을 추천한다. 스테이크 요리로 유명한 오벌 룸, 인디안 요리 전문인 봄베이 클럽, 이탈리아와 프랑스 요리를 가미한 에키녹스가 그 주인공이다. 백악관 북쪽 문에서 약 300미터 떨어진 곳에 있는 세 레스토랑은 자타가 공인하는 백악관 고위직 참모 전용 파워 런치 레스토랑이다. 예를 들어 비서실장은 평일 점심 때 세 레스토랑 가운데 한 군데에서는 볼 수 있다. 백악관 오벌 룸에서 일하다가 밥 먹으러 오벌 룸 레스토랑으로 가는 식이다. 세 곳이 파워 런치의 현장이 되는 가장 큰 이유는, 음식 맛보다는 백악관에 가깝다는 이점 덕이다. 백악관 고위직 인사가 밖에서 식사를 하는 이유는 파워 런치를 즐기기 위해서이기도 하지만 백악관 식당의 음식 수준이 낮다는 점도 한몫 한다. 백악관 안에는 고위직과 실무 직원용 식당이 나뉘어 있는데, 두 곳 모두 항상 사람들로 붐비지만 맛이 없다는 공통점이 있다.

파워 브렉퍼스트는 있지만 파워 디너는 없다

워싱턴은 미슐랭 레드가이드의 평가 대상 도시가 아니다. 고급 레스토랑이 많지만, 뉴욕, 샌프란시스코, 시카고처럼 손님이 많지 않기 때문이다. 워싱턴은 낮에는 연방 정부 직원들로 붐비지만, 밤이 되면 사람들의 인적을 찾기 어려운 유령 도시로 변한다. 다들 일찍 일을 마치고 집으로 돌아가기 때문이다. 전 세계 모든 음식을 맛볼 수 있는 곳이지만 미슐랭이 순위를 매길 만큼 레스토랑의 질적, 양적 수준이 풍부하지는 못하다. 앞에서 언급한 백악관 주변의 레스토랑 세 곳은 음식 수준만 보면 1스타는 받을 수 있으리라 생각한다.

한편 '파워'는 아침 식사, 곧 파워 브렉퍼스트에서도 찾을 수 있다. 점심만이 아니라 아침 6시부터 문을 여는 레스토랑에서도 비즈니스는 이뤄진다. 파워 브렉퍼스트로 유명한 곳은 호텔 3인방이다. 아침 일찍부터 문을 여는 고급 레스토랑은 호텔 바깥에서는 찾기 어렵다. 19세기 초 워싱턴 창녀들이 주로 모이던 백악관 북쪽에 인접한 해이 애덤스 호텔, 모니카 르윈스키를 취조한 곳으로 유명한 메이플라워 호텔, 조지타

운에 가까운 포시즌스 호텔이 주 무대다. 음식은 별다른 특징이 없지만, 조용하고 차분하게 아침 식사를 즐기며 이야기를 나눌 수 있다는 장점이 있다.

흥미로운 것은, 미국에서는 파워 디너가 극히 드물다는 점이다. 한국의 경우 돈과 권력을 둘러싼 비즈니스가 대부분 밤에 이루어진다. 심지어 심야로까지 이어진다. 그러나 미국에서는 일 때문에 저녁 식사 약속을 하는 사람은 이혼을 앞두고 있거나, 이미 이혼한 상태라고 여겨진다. 그만큼 가족과의 시간을 소중하게 여긴다. 대신 하루 일과는 일찍 시작한다. 미국인은 아침형 인간이다. 아침 5시, 늦어도 6시 전에는 가족 모두가 일어난다. 아침에 일어나 기도를 하고, 학교에 아이들을 보내고, 스포츠센터에 가서 운동을 하고, 일찌감치 회사에 출근하는 것이 보통 미국인의 생활 습관이다. 저녁을 가족이 아닌 다른 사람과 함께 즐기는 행동은 가족을 무시하는 처사임은 물론, 다음날 일정에도 영향을 준다.

파워 런치의 맛은 과연?

파워 런치의 맛이 어떤지를 알기 위해 선택한 곳은 미래의 미슐랭 1스타 레스토랑, 오벌 룸이다. 테이블이 전부 30여 개 정도인 오벌 룸은 백악관의 역대 고위직 참모들이 애용한 곳이다. 먼저 애피타이저로 선택한 것은 바닷가재를 넣은 라비올리였다. 버터와 더불어 이탈리아를 대표하는 파르메산 치즈와 레몬을 소스로 만들었다. 라비올리의 맛은 얼마나 껍질의 바삭바삭한 맛을 살리면서 내용물과 소스 맛의 조화를 이루어내느냐에 달려 있다. 그러기 위해서는 라비올리 하나하나를 올리브 오일에 천천히 조금씩 튀겨야 한다.

메인으로 주문한 것은 아이언 스테이크였다. 미국인이 가장 좋아하는, 단순하면서도 강력한 맛의 요리다. 이런 스테이크와 싸워 이길 수 있는 와인은 카베르네 소비뇽 밖에 없다. 그러나 와인은 절제하기로 했다. 2006년 미슐랭 내부 모순을 폭로해 세계적 파문을 일으킨 레드가이드 전 조사관 파스칼 레미의 말이 생각났기 때문이다. 그는 음식 맛을 정확하게 알기를 원한다면, 식사 중에 절대 와인을 마시지 말라고 충고했다.

오벌 룸의 스테이크는 두꺼웠지만, 부드러운 맛을 가지고 있었다. 육질을 부드럽게 하고 나쁜 향을 죽이기 위해 넣은 카베르네 소비뇽의 맛이 고기 속에 배어 있었다. 스테이크에는 시금치보다는 강한 맛을 내는 차드와 후추가 함께 토핑되어 나왔다. 차드가 나온다는 것은 지중해식 요리임을 뜻한다. 프랑스 요리에는 반드시 시금치를 쓴다. 스테이크는 아마도 정치인이 가장 좋아하는 음식이 아닐까 싶다. 육식성 인간의 표본같이 느껴지기 때문이다. 오벌 룸 지배인에게 백악관 직원이 가장 많이 찾는 메인 요리가 무엇이냐고 물어봤다. "그들은 고기 종류라면 무엇이든 다 좋아한다." 역시 내 예상이 맞았다. 디저트로는 복숭아와 체리, 아몬드가 조합된 아이스크림을 시켰다. 달지 않고 맛이 담백해서 마음에 들었다.

Japan

일본,
따라하되
자기만의 요리를
만들어낼 줄 아는

세계에서 제일 싼 10달러짜리 미슐랭 스타 오야코동
기타로

화장품 회사가 만드는 명품 이탈리아 요리
시세이도 파로

일본 최고의 라멘 집
쓰케멘 미치

프랑스를 뛰어넘는
칸데상스

131년의 전통을 자랑하는
가미야바

채플린도 팬으로 만든 튀김
하나초

일본 황가의 자존심 제국 호텔 레스토랑
라 브라세리

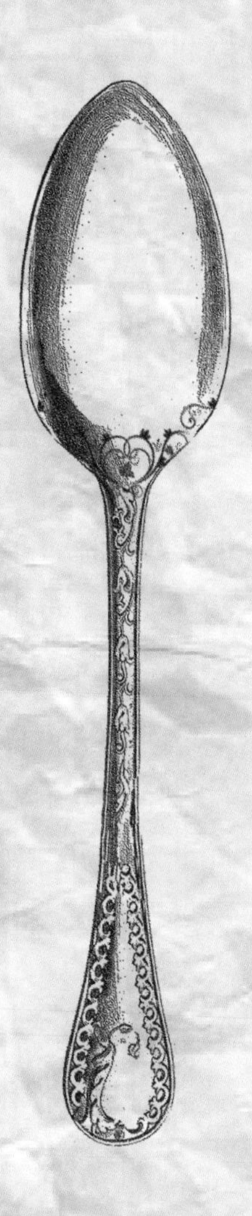

세계에서 제일 싼 10달러짜리 미슐랭 스타 오야코동

기타로 샤모 스미비 야키토리 타카하시

ぎたろう軍鶏炭火焼鳥たかはし

스페인과 태국은 전혀 다른 이미지의 나라지만 공통점도 있다. 스페인의 투우와 태국의 투계鬪鷄가 바로 그것이다. 21세기의 윤리와 상식에는 반할지 모르겠지만, '피의 현장'에 관심을 갖는 사람은 여전히 많다. 잔꾀와 적당한 변명으로 속고 속이는 가짜 세상이 아니라 온몸으로 전력을 다해 살아남아야만 하는 진짜 세상. 가치가 생존이고, 생존이 곧 가치인 세계.

투우가 여름에만 열리는 것에 반해 투계는 1년 내내 정기적으로 열린다. 태국어로 닭싸움은 티 카이Ti Kai라고 한다. 티 카이는 태국의 오랜 전통이다. 동물보호단체의 폐지 주장이 거세지만, 태국 정부는 국책 사업으로 키우기 위해 전폭적으로 지원하고 있다.

태국의 닭싸움은 세계에서 가장 유명한 혈투다. 티 카이를 위해 기른 싸움닭에서 '투지와 기품'을 느낀다고 한다면 정신 나간 소리라고 힐난할지도 모르겠다. 그러나 태국의 싸움닭은 이미 단순한 새가 아니다. 봉황과 닭 중간쯤의 동물처럼 느껴진다. 싸움닭으로 만들기 위해 몸을 가볍게 하고, 꼬리와 날개를 짧게 자르지만, 붉게 치장한 꼬리와 부리는 티 카이의 용맹성을 아름다움으로 승화시킨다.

태국 싸움닭의 흥미로운 변신

일본에서는 태국 싸움닭을 '샤모シャモ'라고 부른다. 태국의 옛 지명인 '샴Siam'에서 따온 호칭이다. 샤모는 사람의 성격을 나타낼 때도 사용한다. '샤모 같다'는 말은 성격이 급하고 주먹이 앞서는 성격을 지칭한다. 싸움닭을 빗댄 것이다. 한자로는 '군계軍鷄'라고 쓴다. 태국과 일본은 에도시대 때부터 교역을 해왔다. 태국 싸움닭이 그 당시 흘러 들어왔다. 태국에서 들어온 싸움닭은 이후 일본 땅에서 흥미로운 변신을 하게 된다. 음식으로 탈바꿈한 것이다.

태국에서도 티 카이의 닭을 식용으로 사용하기는 하지만, 싸움에서 지거나 몸이 약한 닭만을 식탁에 올린다. 그러나 일본에서는 아예 식용으로 기른다. 샤모는 최고급 닭고기로 손꼽힌다. 샤모를 일본 소和牛 등급에 비유하자면, 최상품인 '고베규神戸牛'에 속한다. 샤모의 육질은 일반 닭고기와는 비교도 안 될 만큼 씹는 맛이 일품이다. 샤모는 자연 방생을 하기 때문에 식욕도 왕성하다. 관리 비용만도 일반 닭의 몇 배에 달한다. 샤모 요리의 가격은 보통 닭고기 요리와 비교했을 때 최소한 2~3배는 더 비싸다.

샤모를 꼬치에 꽂아 불에 구워 먹는 야키토리 집이 있다는 이야기를 듣고 귀를 의심했다. 야키토리는 일본에서 가장 흔한 선술집 안주 메뉴가 아니던가! 더욱 놀라운 사실은 그 야키토리 집이 미슐랭의 별을 땄다는 점이다.

기타로 샤모 스미비 야키토리 타카하시. 이 긴 이름의 샤모 전문 미슐랭 1스타 레스토랑은 도쿄 고탄다 역 서쪽 출구 쪽에 있다. 역에서 나와 소문으로만 듣던 샤모 야키토리 집을 찾아다녔다. 아무리 눈을 씻고 찾아봐도 보이지 않는다. 길을 헤맨 것은 아마도 미슐랭 레스토랑에 대한 환상 탓인지도 모른다. 미슐랭이라고 하면 고급스러운 이미지가 가장 먼저 떠오르기 때문이다.

기타로 샤모 스미비 야키토리 타카하시는 여느 상가와 별반 다를 것 없는 건물 2층 구석에 있었다. 외관만 봐서는 미슐랭을 떠올리게 하는 그 어떤 고상한 표징도 찾아보기 어려웠다. 1층 벽에 붙은 수십 개의 간판 가운데 길고 긴 이름의 샤모 야키토리 전문점 간판을 발견하지 못했다면 한동안 미아처럼 돌아다녔을 것이다.

식사는 점심으로 예약했다. 일부러 점심시간을 조금 넘긴 1시 30분쯤 레스토랑을 찾았다. 실내는 10명 정도가 앉을 수 있는 바 스타일의 식탁과 4인용 테이블 2개가 눈에 들어왔다. 자리에 앉자마자 점심 손님의 99퍼센트가 주문하는 명물인 오야코동親子丼을 주문했다. 오야코동은 일본어의 위트가 느껴지는 음식이다. 일본어로 부모를 뜻하는 '오야親'와 자식을 의미하는 '코子'를 조합해서 이름을 붙였으니 말이다. '동丼'은 일반적으로 밥 위에 얹거나 뿌려 먹는 스타일의 음식을 지칭한다. 예를 들어 일본 서민의 대명사인 '규동牛丼'은 쇠고기를 재료로 하는 요리를 밥 위에 얹는다는 의미이다. 카레를 뿌리면 카레동, 김치를 올리면 김치동이 된다.

누구나 만들 수 있지만 그렇기에 더욱 엄격한

오야코동의 조리법은 간단하다. 그러나 고급스러운 맛을 내기는 매우 어렵다. 누구나 다 만들 수 있다는 것은, 그만큼 맛에 관한 평가가 엄격하다는 뜻이기도 하다. 이곳에 와서 오야코동을 시킨 이유 중 하나는, 미슐랭 레스토랑에서 먹는 '세계에서 가장 싼 점심'을 체험하고 싶었기 때문이다. 오야코동은 세금을 포함하여 전부 850엔이다. 엔화 환율로 보면 11달러에 달하지만, 미슐랭 스타 레스토랑에서 먹는 음식 한 끼가 10달러 선에 머무는 곳은 세상 어디에도 없다. 홍콩 미슐랭 1스타 만두집에 6달러짜리 요리가 있기는 하지만, 한 접시에 고작 만두 두 개가 담겨 나올 뿐이다. 만두 집에서 만두 2개만 달랑 먹고 나오는 사람은 아무도 없을 것이다. 전 세계 그 어떤 미슐랭 스타 레스토랑과 비교하더라도, 배를 채울 만큼 충분한 식사를 제공하는 가장 값싼 곳은 이곳이 유일하지 않을까? 여기에 100엔만 추가하면 곱빼기도 가능하니 최고의 맛을 최저 가격으로 맛볼 수 있는 셈이다.

보통 양으로 주문했다. 보통으로도 양이 충분한지를 확인하고 싶었기 때문이다. 주문 즉시 곧바로 오신코お新香가 나왔다. 오신코는 향을 맡으면서 먹는 신선한 채소 요리로, 씹는 느낌이 상쾌한 음식이다. 중국 식당에 가면 나오는 노란 무를 연상하면 된다. 음식은 카운터를 사이에 둔 열린 주방에서 만든다. 샤모의 뼈로 끓이는 큰 수프 냄비가 담긴 솥이 주방 중간에 있다. 막 들어온 샤모를 큰 칼로 잘라내는 요리사의 모습도 보인다. 요리사는 두 명인데, 주인이자 메인은 타카하시다.

일본에서 야키토리 전문점이 미슐랭 스타를 얻는 경우는 극히 드물다. 그럼에도 이 집이 미슐랭 스타를 얻은 건 재료와 맛이 탁월하기 때문이기도 하지만, 원래 프랑스 레스토랑을 경영했던 경력도 작용했을 것이다. 타카하시는 이미 프랑스 요리사들 가운데 정평이 나 있다. 레스토랑 벽에 미슐랭 스타 3개를 가진 프랑스 요리의 거장인 아란 듀카세가 방문하여 축하 사인을 한 것만 봐도 그의 위상을 짐작할 수 있다.

주방을 공개하는 것은 그만큼 요리에 자신이 있다는 말이다. 최고의 재료로 최선의 요리를 만들어내는 과정을 숨김없이 보여주면서 맛을 한층 현장감 있게 느끼라는 의미다. 밥 위에 샤모를 얹고 그 위에 기타로만의 비밀 소스를 뿌린 뒤 다시 계란을 올렸다. 계란은 반숙 상태다. 반숙 계란을 바로 깨서 2분 정도 그릇에 담아 둔다. 이후 1분간 엄청난 손목 힘으로 젓가락을 휘저으며 반숙 계란을 섞는다. 코子가 오야親의 품에 곱게 안긴다.

파를 조금 넣은, 맑은 수프도 함께 나왔다. 수프는 샤모를 끓여 우려낸 것이다. 수프가 맑다는 것은 소금만을 넣어 맛을 냈기 때문이다. 물론 맑은 간장을 넣어 수프 색을 투명하게 만드는 경우도 있다. 그러나 관동 지방인 도쿄에서 맑은 간장은 드물다. 교토나 나고야와 같은 관서 지방에나 가야 볼 수 있다.

오야코동은 진한 노란색의 반숙 계란으로 덮여 있다. 살짝 비린내가 나지만, 식욕을 돋운다. 냉장고에 넣지 않고 상온에서 보관하다가 익힌 달걀의 맛이다. 달걀에 덮인 샤모는 초여름에 맡을 수 있는 소나무 향 맛이다. 약간 불에 그슬린 자국이 있지만 전체적으로 훈제처럼 연기로 요리를 한 것 같은 느낌이 든다. 프라이팬이나 냄비에서 끓인 요리가 아니다.

육질은 닭이라고 보기 어려울 정도로 강하지만 씹을수록 맛이 난다. 그렇다고 야생 동물의 질긴 맛은 아니다. 어렸을 때 먹었던 토끼 요리를 푹 삶아 만든 것 같은, 섬세하지만 결코 약하지 않은 맛이다. 샤모를 한 번이라도 먹어본 사람이라면, 다른 닭고기와 금방 구별해낼 수 있을 것이다.

섞지 말고 따로 떼어 하나씩 맛을 음미해보기를

기타로 샤모의 특징 중 하나는 스미비炭火, 곧 숯불로 향을 입혀 만든 닭고기라는 점이다. 그냥 불로 직접 구우면 강한 화력 때문에 맛이 전부 죽는다. 프라이팬이나 다른 도구에 올려 간접적으로 태워도 고기에서 나온 기름이 달라붙기 때문에 역한 맛이 남는다. 숯을 이용하면 고기, 채소, 밥 등 모든 요리의 맛이 업그레이드된다.

숯불 요리는 숯에서 나오는 자연의 향이 음식 속에 스며들어 맛을 만들어낸다. 이 요리는 어떤 나무를 원료로 해서 숯으로 만드는지가 대단히 중요하다. 일본에는 음식에 사용하는 숯 제조업체가 5000여 개에 달한다. 좋은 숯은 음식뿐만 아니라 다도에도 활용한다. 숯으로 끓인 물로 우린 차의 맛과 향은 한층 깊어진다. 한편 음식용 숯은 화력을 얼마나 오랫동안 유지하느냐도 중요하다. 숯을 어디에서 갖고 오는지 묻고 싶었지만 요리하는 모습이 너무도 진지했기 때문에 차마 말을 붙일 수가 없었다.

오야코동의 핵심 포인트는 쌀의 조리법이다. 스시의 밥처럼 오야코동의 밥은 섬세하게 요리해야 한다. 보통 먹을 때보다 약간 딱딱한 것이 좋다. 닭고기와 계란에서 나온 수프가 아래로 녹아

들면서 쌀을 연하게 만들어준다. 입에 넣으면 밥알이 입에서 따로 노는 식감이 있는 밥이 좋다. 진짜 맛있는 스시의 쌀알이 하나씩 떨어져 입에 퍼지는 것처럼 말이다. 일본인들은 음식을 섞어 먹는 것을 싫어한다. 섞으면 고유의 맛이 사라지고 모양이나 색도 보기 좋지 않기 때문이다. 오야코동을 먹을 때도 마찬가지다. 비빔밥처럼 전부 섞어 먹는 것만은 삼가야 한다. 흰쌀과 닭고기, 계란을 젓가락으로 적당히 포개 먹는 것이 정석이다. 아예 따로 떼어서 하나씩 맛을 보는 방법도 있다. 그러다 보면 마지막에 그릇 밑에 깔린 맨밥만 먹어야할 때도 있기 때문에 '동丼'자가 붙은 음식을 먹을 때는 반찬으로 나오는 오신코를 미리 먹지 말아야 한다. 남겨 뒀다가 나중에 맨밥만 남으면 반찬으로 함께 먹는 것이 좋다. 세계에서 가장 싼 미슐랭 스타 레스토랑의 경험은 단 20분 만에 끝났다. 주문한 뒤 기다리는 데 10분, 먹는 데 10분이다. 지금까지 미슐랭 레스토랑에서 경험한 식사 시간 가운데 가장 짧았다. 그러나 싸고 빠르다고 해서 무시해서는 안 된다. 점심시간에는 850엔에 불과하지만, 저녁 시간에는 1인당 최소 1만 5000엔이 든다. 샤모로 만든 야키토리는 결코 싸구려 음식이 아니다. 알맞은 촉감과 숯 향이 어우러진 오야코동은 오직 이곳에서만 먹을 수 있는 요리다.

MENU

오야코동

숯불로 구운 닭고기에
반숙 계란을 얹은 요리

소스

오야코동 위에 뿌려 먹는
기타로의 소스

화장품 회사가 만드는 명품 이탈리아 요리

시세이도 파로

Shiseido Faro

딱 하루 만이다. 많은 사람들이 걱정하던 죽음의 재앙 방사능에 대한 불안과 공포는 24시간도 채 지나지 않아 머릿속에서 깨끗이 사라졌다. 도쿄는 대지진 이전이나 이후나 변함이 없어 보였다. 서점에는 엔고를 이용한 금융 투자에 관련된 책들이 즐비했고, 지하철에는 애플의 아이폰4S의 광고판이 늘어섰으며, 골목에는 700엔짜리 돈코츠豚骨 라면을 먹으려는 사람들이 긴 행렬을 이루고 있었다.

도쿄에 도착하자마자 긴자로 향했다. 조용하지만 활발하고 쓸쓸하지만 즐거운 모순된 공기가 느껴지는 이곳은 메이지 시대의 분위기가 아직도 살아있다. 대도시의 얼굴이 그러하듯, 낮과 밤의 긴자는 전혀 다르다. 낮에는 샐러리맨과 쇼핑객, 100년 역사의 음식을 즐기려는 사람들로 거리 전체가 들끓는다. 대지진 이후 급감했다고는 하지만 인민복 차림의 중국인 관광객 행렬을 볼 수 있는 곳도 대낮의 긴자다.

어둠이 깔리는 긴자는 정성껏 화장을 한 여인들과, 스시 집 요리사들로 붐빈다. 거의 사라졌지만 교토에서 볼 수 있는 기모노 차림의 게이샤도 긴자 밤거리에서는 만날 수 있다. 반짝거리는 검은색 고급 리무진 승용차는 흰 장갑을 낀 빈틈없는 모습의 운전사와 함께 일본의 맨해튼, 긴자의 밤을 상징한다. 일본 경제가 어렵고 대지진으로 인해 힘들다 해도 긴자의 밤은 여전히 화려하다.

섬세하게 공들여 만든 요리라 더욱 설렌다

워싱턴에서 출발하기 전부터 점찍어 둔 미슐랭 스타 레스토랑에서 값싼 점심을 즐기기 위해 한낮의 긴자를 찾았다. 긴자 8번가에 있는 파로는 일본인, 특히 젊은 일본 여성이라면 99퍼센트가 알고 있는 레스토랑이다. 3년간 미슐랭 1스타를 놓친 적이 없는 곳이라는 점도 중요하지만, 일본을 대표하는 화장품 회사 시세이도資生堂에서 만든 레스토랑이라 더욱 주목을 끈다.

시세이도 파로는 일본 최고 화장품 회사인 시세이도가 운영하는 카페 및 레스토랑 전문 빌딩이다. 시세이도 미식관美食館인 셈이다. 화장품 회사와 레스토랑이라? 아무리 무뚝뚝한 사람이라도 낭만적으로 들릴 수밖에 없는 조합이다. '뮤지엄과 레스토랑'이라는 조합도 그럴 듯하지만, 맛이라는 측면에서 볼 때 '화장품과 레스토랑'은 한층 신뢰가 간다. 파로는 파라Parlour라는 이름의 10층짜리 시세이도 건물 안에 있는 이탈리아 요리 전문점이다. 파로는 이탈리아어로 등대를 의미한다. 파로 예약은 하늘의 별 따기다. 점심은 물론, 저녁도 한 달 이상 기다려야만 한다.

시세이도 건물은 밖에서 보기에도 한눈에 화장품 회사라는 느낌을 준다. 섬세하게 공들인 화장이란 아무것도 하지 않은 듯해 보이면서도, 원래의 인상과 분위기를 살려주는 것을 말한다. 붉은 와인색으로 칠한 빌딩 외벽은 시세이도가 추구하는 아름다움의 품격을 보여주는 증거다.

1층은 시세이도가 제공하는 각종 미식 상품들로 채워져 있다. 초콜릿, 과자, 케이크 등이 진열대에 배치되어 있다. 팩에 든 카레도 이곳에서 판매되는 상품 중 하나다. 모든 제품들은 시세이도라는 이름으로 판매한다. 전체적으로 고급 상품이란 이미지를 갖고 있다.

파로는 4층에 있다. 원형으로 된 잿빛 엘리베이터 문이 열리자 곧바로 레스토랑이 나타났다. 점심으로는 가장 늦은 오후 1시 45분에 예약했기 때문인지 의외로 붐비지 않았다. 레스토랑 안에는 30여 개의 테이블이 놓여 있다. 두 개의 벽면이 전부 커다란 유리로 되어 있어 가슴이 뻥 뚫릴 듯 시원스럽다. 흰색 커버가 드리워진 테이블과 천장에서 내려온 5미터 정도의 하얀 커튼 때문에 깨끗함과 안정감이 느껴진다. 일본의 많은 건물들이 활용도를 높이기 위해 천장을 낮게 설계하는 데 반해, 두 개의 층을 하나로 만든 파로는 천장이 굉장히 높다. 천정이 높다는 것은 미슐랭 스타를 획득하는 데 중요한 요소로 작용한다. 심리학적으로 볼 때 공간이 크고 넓을수록 식사 시간이 길어진다고 한다. 예컨대 어깨가 닿을 듯 말 듯, 눈 돌릴 공간조차 없는 일본 라면집에서는 음식을 빨리 먹을 수밖에 없다.

지배인이 와서 음료를 권하기에 스파클링 미네랄 워터를 주문

파로(왼쪽)는 시세이도 파라 빌딩(오른쪽) 안에 있는 레스토랑으로
시세이도만의 깔끔함과 모던함이 느껴진다.

했다. 그중 가장 염분이 낮은 중간 정도의 탄산으로 추천해달라고 했다. 웨이터는 곧바로 이탈리아의 산 펠레그리노를 권했다. 산 펠레그리노는 세계에서 가장 많이 팔리는 미네랄 워터로, 레오나르도 다빈치 덕분에 유명해진 상품이다. 산 펠레그리노는 다빈치가 생전에 직접 가서 마시고 성분을 분석했다는 전설의 물이다. 물론 기록으로 남아있지는 않으니 순전히 판매량을 높이긴 위한 이탈리아의 깜찍한 거짓말이 아닐까 의심스럽기는 하다. 그렇다고 하더라도 산 펠레그리노는 소금기가 적고 탄산도 적당해 마시기 좋은 미네랄 워터임은 분명하다.

유럽의 물은 알프스 산맥을 경계로 북쪽과 동쪽으로 갈수록 소금기가 강해진다. 한국인은 독일산 미네랄 워터를 좋아한다. 강한 소금 맛 때문이다. 독일 물의 소금 함량은 유럽에서 1, 2위를 차지할 정도로 높다. 프랑스 에비앙은 소금기는 적지만, 탄산이 너무 약하다. 이탈리아 남부 탄산수처럼 혀를 마비시킬 정도의 강력한 맛도 문제지만, 탄산수인지조차 의심스러울 만큼 밋밋한 맛의 에비앙은 큰 감동이 없다. 개인적으로는 나폴레옹이 즐겨 마셨다는 전설을 간직한 에비앙보다는 레오나르도 다빈치의 전설이 깃든 산 펠레그리노에 정이 더 간다.

수레의 모든 디저트를 맛보아도 살찔 염려가 없다

메뉴는 3개 코스로 나오는 3800엔의 프리 픽스로 선택했다. 애피타이저로 나온 것은 배추 줄기와 맛이 비슷한 엔다이브를 주재료로 한 샐러드다. 샐러드 위에는 방울토마토와 살짝 튀긴 새우가 올라 있다. 모데나산 발사믹 식초로 맛을 낸 드레싱이 상큼하다. 전체적으로 이탈리아를 느낄 수 있는 가벼운 샐러드다.

메인으로 나온 리소토는 시금치를 간 소스에 생굴을 넣어 맛과 향을 더했다. 먹기 직전에 이탈리아 최고 치즈인 파르메산을 적당히 뿌렸다. 굴 특유의 깊은 향과 시금치의 순한 맛이 리소토 안에 배어 있다. 이탈리아에서 리소토는 애피타이저를 먹은 다음 두 개의 메인이 나올 경우 먼저 나오는 프리모에 속하는 음식이다. 스파게티와 같은 파스타 종류도 프리모에 해당된다. 그 다음에는 생선, 쇠고기, 돼지고기와 같은 육류 요리가 나온다. 리소토의 맛을 좌우하는 핵심은 쌀이 갖는 겉과 속의 강도 차이다. 겉은 적당히 강하고, 속은 부드러운 맛을 간직해야 한다. 쌀의 황제로 불리는 카르나롤리는 이러한 맛을 만들어낼 수 있는 최적의 재료다.

두 번째 메인은 불에 약간 구운 닭고기 요리였다. 곱게 다진 감자와 채소를 닭고기와 함께 끓인 진한 수프 요리다. 닭고기를 입에 넣자, 방목으로 기른 야생의 맛이 느껴졌다. 사계절 자연의 변화를 몸속에 간직한 듯, 섬유질이 느껴질 정도로 신선하다. 닭고기 요리를 주문하기 전에는 반드시 자연산 여부를 물어본다. 프랑스나 이탈리아의 미슐랭 스타 레스토랑의 닭고기 요리는 자연산만 취급한다. 만약 자연산이 아니라면 이듬해 미슐랭 스타를 잃게 된다고 보면 된다. 좁고 어두운 양계장에서 자란 닭과 들판을 오가며 자란 닭의 맛은 전혀 다르다. 양계장 닭고기는 살이 흐물거린다. 무게를 늘리려고 물까지 강제로 먹여 팔기 때문에 삶거나 불에 구워 먹기도 어렵다. 이런 닭은 튀김용으로 사용하는 경우가 많다. 시중에서 꼬치용으로 팔리는 닭고기를 보면 불에 굽는 도중 고기 속에서 물이 흘러나오는 것을 볼 수 있다.

메인 식사가 끝나자 디저트 수레가 등장했다. 시세이도 파로가 자랑하는 열 가지 종류의 케이크와 과일 디저트가 가득 담겨 있다. 모든 종류의 디저트를 조금씩 맛봐도 되는지 물어봤다. 웨이터는 염려 말고 즐기라고 말했다. 파로 디저트 수레는 설탕으로 도배를 한 미국, 프랑스, 이탈리아의 디저트와 비교하면 칼로리가 훨씬 낮다. 설탕과 유제품을 주성분으로 하지만, 당분과 지방을 최소한으로 줄여 담백하게 만들었기 때문이다. 뒷맛을 정리할 겸 에스프레소를 한잔 시켰다. 시칠리아 팔레르모에서 마셨던 에스프레소처럼 얇게 자른 레몬과 브라운 각설탕이 함께 나왔다. 강한 에스프레소 향이 입 안으로 깊게 퍼졌다. 일본 긴자의 화장품 빌딩에서 맛본 완벽한 이탈리아 요리의 피날레로는 제격이었다.

MENU

닭고기 요리

호박과 감자, 채소를 간 호박 수프와
자연산 닭으로 만든 요리

케이크와 과일 디저트

당분과 지방을 최소한으로 줄여
담백하게 만든 케이크

디저트 수레

시세이도 파로가 자랑하는 다양한
종류의 케이크가 들어 있는
디저트 수레

시세이도의 변신

일본이 자랑하는 시세이도는 화장품 업계에서는 세계적인 고가 브랜드다. 시세이도의 창업자 후쿠하라 아리노부는 시세이도의 역사를 일찍이 완성시켰다. 메이지유신이 단행되었던 1868년, 후쿠하라는 도쿄대학 의학부에서 공부를 마친 후 곧바로 군에 입대해 해군병원 약국에서 근무하였다. 군 제대 후 1872년 도쿄 긴자에 10평 남짓한 작은 서양 의약품 가게를 열었다. 시세이도의 시작이다. 감기약, 해열제와 같은 수입 의약품을 판매했다. 서양 의약품은 당시로서는 첨단 문명이었다. 긴자는 당시 서양 문명을 가장 먼저 만날 수 있는 일본 내 신문명 전시장과 같은 이미지를 갖고 있었다. 후쿠하라가 은행에서 거금을 빌려 긴자에서 가게 문을 연 이유도 그 때문이었다. 1888년 시세이도는 일본 역사상 처음으로 치약을 개발하였다. 치약은 이를 닦는 '약'이 아니라, 비누石鹼라는 이름으로 팔렸다.

시세이도가 화장품 회사로 변신을 꾀한 것은 1887년 화장수를 개발하면서부터다. 화장이 잘 먹히도록 도와주는 오일 제품이었다. 스프레이식으로 뿌릴 수 있도록 작은 병에 담아 판 덕에 여성들로부터 폭발적인 인기를 누렸다. 화장품 판매 수익이 의약품을 넘어서면서 1917년부터 화장품 부서를 독립시켰다.

후쿠하라가 요식업에 뛰어든 것은 1900년 파리 만국박람회에 가기 위해 들른 미국 뉴욕에서의 잊을 수 없는 경험 때문이었다. 후쿠하라는 일본에 돌아온 후 긴자의 시세이도 가게 한 구석에 소다수와 아이스크림 제조기를 설치하였다. 제조 기계는 물론이고 컵, 숟가락, 빨대 등도 모두 미국에서 수입하였다. 시세이도는 일본은 물론이고 동양에서 아이스크림과 소다수를 가장 먼저 만들어 판매한 상점이었다. 이후 시세이도는 레스토랑을 직접 운영하면서 오늘날 미식관의 토대를 닦게 된다.

일본 최고의 라멘 집

쓰케멘 미치

つけ麺 道

일본을 대표하는 음식은 무엇일까? 스시寿司나 사시미刺身라고 대답하는 사람이 적지 않을 것이다. 외국인이 한국 하면 떠오르는 음식을 불고기나 삼겹살이라 말하는 것처럼 말이다. 물론 스시나 사시미가 일본을 대표하는 음식임은 분명하다. 그렇지만 일본인 모두가 즐긴다고 말하기는 어렵다. 의외로 일본인 가운데 스시나 사시미를 못 먹는 사람도 많다. 반면 라멘ラーメン은 일본인들이 가장 편하게 즐기는 음식 중 하나다. 싸고 배불리 먹을 수 있는 라멘은 우리의 자장면처럼 일본을 대표하는 서민 음식으로 꼽힌다.

도쿄에는 맛집으로 소문난 라멘 집이 유독 많다. 그러다 보니 어디를 가야 좋을지 망설이게 된다. 이럴 때 필요한 기술이 귀동냥이다. 보통 라멘 집은 자리가 10석 안팎인 작은 가게가 많다. 이렇게 작은 가게들이 매체 광고를 할 리가 없다. 입소문이 최고의 광고인 셈이다. 따라서 직접 발로 뛰어 맛집을 찾아내는 사람들의 이야기에 귀를 기울이는 것이야말로 일본 최고의 맛집을 찾아내는 방법이다.

면이 부드럽고 국물 맛이 끝내줘요

자칭 '라멘 오타쿠お宅'라 말하는 일본인 친구에게 귀동냥을 했다. 친구는 "아직 몰랐어? 요즘 인터넷에 좋은 사이트가 있으니까 거기를 훑어보는 게 좋을 것 같은데……" 하며 웹 사이트 하나를 알려주었다.

음식 평가 전문 사이트 '타베로그食べログ'는 일본 전역 67만 곳의 레스토랑을 대상으로 맛을 평가한다. 현재 일본에서 가장 신뢰 받으며 인터넷판 미슐랭으로 불린다. 타베로그에 접속하여 '도쿄 라멘'을 검색했다. 10만 8000여 개의 라멘 집과 116만 개의 코멘트를 찾을 수 있었다. 참고로 도쿄는 라멘에 관해서는 일본에서 경쟁이 가장 치열한 곳이다. 도쿄 라멘 1등은 전국 1등이다. 전국의 라멘이 몰려 들어 자신만의 맛과 비결을 자랑하기 때문이다. 곧 라멘의 흥망성쇠가 가장 치열하다. 가장 눈에 띈 것은 아무래도 점수와 평가에서 1등을 차지한 쓰케멘 미치つけ麺道였다. 208명의 평가단이 5점 만점에 4.05점을 준 곳이다(2012년 1월 13일 기준). 코멘트를 꼼꼼히 읽어본 뒤 붐비는 시간을 피해 토요일 저녁 8시에 찾아갔다. 쓰케멘 미치는 도쿄 동북쪽에 위치한 카메아리 역에서 가깝다.

카메아리 역에서 내려 길을 묻기 위해 근처 파출소에 들렀다. 경찰관에게 쓰케멘 미치로 가는 길을 묻자 경찰관은 복사한 작은 지도 한 장을 건넸다. 하루에도 쓰케멘 미치로 가는 길을 묻는 라멘 오타쿠가 열 명은 족히 넘는다고 귀띔해줬다. 쓰케멘 미치는 좁은 골목길 옆에 들어서 있다. 평일 낮에는 평균 1시간 20분은 기다려야 라멘 맛을 볼 수 있다는 곳이지만, 토요일 저녁 시간을 넘긴 탓인지 한가해 보였다. 손님은 4명씩 조를 짜서 한꺼번에 들어갔다. 종업원이 미리 나와서 4명씩 순번을 정해준다. 난 생처음 만난 사람들과 한 조가 되어 들어갈 차례를 기다리는데, 이미 식사를 마치고 나오는 70대 할머니가 가게 앞에 세워둔 자전거에 오르면서 한마디 던진다.

"면이 아주 부드럽고 수프도 참 맛있어요."

한가한 시간이라고는 하지만 30여분을 기다린 끝에 마침내 가게 안으로 들어섰다. 식당 안은 여느 라멘 집과 다르지 않다. L자형 식탁에 8명이 앉으면 꽉 찬다. 주문은 뒤에 설치된 자동판매기에서 티켓을 구입해 종업원에게 전하면 된다. 일본 라멘 집은 자동판매기로 주문과 계산을 동시에 하는 곳이 많다. 요리 중인 손으로 돈을 만지지 않으려는 고집 때문이다. 자동판매기 앞에 서서 종업원에게 가장 인기가 있는 라멘을 추천해달라고 부탁했다. 종업원은 750엔짜리 쓰케멘을 권했다. 면 200그램에 반숙으로 삶은 달걀과 동파육角肉, 잘게 썬 파와 음료가 함께 나온다. 200엔을 더 내면 계란과 동파육의 크기가 커진다.

식당 안은 먼저 와서 라멘을 먹고 있는 사람과 순서를 기다리는 대기자, 요리사와 종업원을 합쳐 10명 정도가 함께 숨을 쉬고 있다. 정적이 흐르는 가게 안에는 음악 대신 후루룩 하고 면발을 빨아들이는 소리와 라멘을 만드는 요리사의 몸짓만이 식당을 채운다. 드디어 우리 조의 순서가 왔다. 4명 모두 똑같은 라멘을 주문하고 15분쯤 기다리자 쓰케멘 미치의 최고 인기 메뉴인 쓰케멘

이 나왔다. 쓰케멘은 '찍어 먹는다'는 의미의 동사 '쓰케루つける'와 '면麵'이 합쳐진 말이다. 일반적인 라멘은 면에 수프가 부어져 나오지만 쓰케멘은 면과 수프가 따로 나온다. 일본에서 4~5년 전부터 이러한 쓰케멘이 폭발적인 인기를 끌고 있다. 그 이유는 크게 세 가지로 나눠 볼 수 있다. 하나, 뜨거운 수프에 면이 불지 않아 면의 고유한 맛을 느낄 수 있다. 둘, 면과 함께 나오면 수프의 향과 맛이 죽는다. 셋, 소금기 많은 수프를 많이 먹지 않게 된다.

또한 쓰케멘의 면은 굵고 탄력이 있다. 면발을 씹는 맛이 아주 좋다. 쓰케멘과 함께 나온 동파육과 파를 수프에 집어넣고 면과 함께 음미하며 먹으면 더 좋다. 수프는 한방을 원료로 했는지 향이 깊고 독특하다. 일본의 라멘 집은 면발의 맛도 물론 중시하지만 수프의 맛에 더 심혈을 기울인다. 쓰케멘 미치의 라멘 맛은 70대 할머니의 소감처럼 국물 맛이 담백하고 개운하다. 라멘이 어떻게 담백할 수 있느냐고 묻는 이가 있을지도 모르겠으나, 믿기 어렵다면 꼭 한번 쓰케멘 미치의 라멘 맛을 보길 바란다.

일본인에게 라멘은 입으로만 즐기는 미식의 대상이 아니다. 맛있는 곳이라면 직접 찾아가서 맛을 보고, 비교하고, 분석하고, 토론하며 라멘에 대한 정보를 나누는 심오한 연구 대상이다. 공부를 하면 할수록 이해력이 높아지듯, 라멘 역시 많이 먹어보면 먹어볼수록 진정한 맛을 통찰하게 될 것이다. 좋은 음식이란 머리로 즐기는 지식의 결정체이기도 하니 말이다.

note

일본의 국민 음식, 라멘

일본의 라멘은 미국의 국민 음식인 맥도날드 햄버거와 자주 비교된다. 라멘과 맥도날드는 일본인과 미국인의 세계관을 정확히 읽을 수 있는 열쇠이기도 하다. 라멘은 소규모로 운영하고, 소량으로 이뤄지는 질 중심의 로컬 푸드를 지향한다. 손님이 왕이라면 라멘 집 주인은 황제에 해당한다. 물론 라멘 집은 누구에게나 열려 있다. 그러나 최고의 인기 라멘 집에 가서, 예의에 어긋나는 행동을 했다가는 주인으로부터 퇴장 명령을 받을 수 있다. 마치 절밥을 먹는 기분으로 '시키는 대로 조용히' 라멘을 먹어야 한다. 식사를 끝낸 뒤에는 곧바로 자리에서 일어나야 한다. 다음 손님이 바깥에서 길게 기다리고 있기 때문이다. 내 돈 내고 내 마음대로 할 수도 없느냐고 불평을 할지 모르겠지만 통하지 않는다. 그 어떤 나라 음식점보다도 친절한 곳이 일본 식당이지만, 라멘 집 주인의 권위는 남다르다. 라멘 집 주인에 대한 일본인의 존경은 최고의 예술가를 대할 때와 다를 바 없다.

맥도날드는 라멘 집과는 완전히 반대다. 대규모 운영, 철저한 세계화, 맛의 평균화, 손님이 주도하는 식당 문화, 햄버거 하나 시켜놓고 무료 와이파이를 반나절 즐길 수 있는 휴식 공간, 특별한 제약도 없지만 특별한 정성도 기대할 수 없는 균일화된 서비스. 세계적인 시각에서 볼 때 라멘 집은 맥도날드의 상대가 될 수 없다. 처음부터 라멘은 햄버거와 비교할 수 없다. 미국의 글로벌 비즈니스에 품질 하나로 승부를 거는 라멘이 대든다는 것은 애초부터 불가능하다. 좋은 물건이 소비 시장을 주도하는 것이 아니다. 2류, 아니 3류, 4류라고 하더라도 마케팅 전략이 우수할 경우 1류로 부상할 수 있다.

사실 맥도날드 햄버거는 나름대로 입맛을 즐겁게 하는 독특한 비법이 있다. 게다가 양도 많고 싸다. 맥도날드 햄버거는 맛만이 아니라, 자유를 만끽할 수 있는 미국 소프트 파워의 현장이다. 중국인이 자식의 생일 축하를 위해 맥도날드에 모이는 이유는 맛 때문만이 아니라, 아름다운 나라 미국에 대한 동경이 있기 때문이다. 일본의 라멘은 이러한 이미지와는 거리가 멀다.

글로벌 차원에서 볼 때 라멘 집은 맥도날드에 1회 KO패를 당한 상태이다. 그러나 맥도날드의 고향 미국의 최고 중심지에 가면 상황은 달라진다. 현재 뉴요커 사이에서 가장 인기가 높은 간단한 외식 중 하나가 라멘이다. 한국에도 1호점을 냈지만, 뉴욕 4번가의 '잇뿌도一風堂'는 미슐랭에 소개될 정도로 높은 인기를 끌고 있다. 점심, 저녁 가리지 않고 손님들이 길게 줄을 서 있다. 대충 동양인이 2할 정도, 나머지는 백인이고, 연령도 다양하다. 그러나 가격은 너무 비싸다. 돼지고기를 살짝 덮은 큐슈 스타일의 돈코츠 라멘은 팁을 포함하면 무려 20달러다. 잇뿌도를 다녀온 일본인의 평가 코멘트를 보면, 맛에 앞서 "어떻게 라면 하나에 20달러인가?"라는 놀라움이 압도적이다. 현재 뉴욕에는 약 10여 개의 일본인이 운영하는 라멘 집이 있는데, 모두 예외 없이 호황이고, 비싸다.

뉴욕의 라멘 집은 미국인의 취향에 맞게 양도 엄청 많고 국물을 뜰 수 있는 숟가락도 크게 만들어 제공한다. 젓가락의 끝에는 얇은 홈이 패어 있다. 면이 미끄러지지 않도록 고려한 것이다. 일본인만이 가능한 가슴에 와 닿는 서비스다. 지금 당장 맥도날드를 넘어선다는 것은 상상하기 어렵지만, 가까운 시일 내에 뉴욕을 기반으로 세계로 퍼져나갈 날이 멀지 않았다는 예감이 든다.

면과 국물이
따로 나오는 쓰케멘

131년의 전통을 자랑하는

가미야바
神谷バー

일본에는 미슐랭 평가 대상 밖에 있는 음식점이 수없이 많다. 미슐랭 3스타를 가진 일본 스시점도 있지만, 미슐랭 스타와 무관한, 작고 오래된 식당도 즐비하다. 일본에 들를 때마다 즐겨 찾는 레스토랑 대부분은 현지인들에게 잘 알려진 곳들이다. 그중 하나는 도쿄 최대 관광지 아사쿠사에 있다.

아사쿠사는 628년에 건립된 센소지淺草寺를 중심으로 거대한 상업 지역이 형성되어 있다. 센소지 관광 붐이 이미 7세기 때부터 시작됐다는 점을 감안한다면 사찰 주변의 상점들도 센소지만큼이나 유구한 역사를 지닌 셈이다. 센소지로 들어가는 입구를 따라 1킬로미터 정도 길게 늘어선 작은 과자 가게조차도 최소한 수백 년의 역사를 갖고 있다.

미슐랭은 모르지만 일본인이라면 누구나 아는

센소지는 전통 문화를 상징하는 곳이기도 하지만 외국에서 들

가미야바의 어제와 오늘. 1880년 문을 연 당시 이곳은 신문화의 상징이었다.

어온 신식 문화와 문명을 실험하는 장소이기도 하다. 아사쿠사 1번지에 위치한 가미야바神谷バー는 130여 년 전 일본 전통 문화와 서양 문화가 접목한, 이른바 동도서기東道西器의 바람을 몰고 온 현장이다.

가미야바는 일본인이라면 누구나 아는 곳이다. 유명한 시인과 소설가의 글에 자주 등장한다. 미슐랭의 무관심에도 불구하고 가미야바는 프랑스와 긴밀한 관계를 가진 곳이다. 가비야바는 종래 프랑스 레스토랑의 전유물이던 와인을 일본 역사상 처음으로 상품화한 곳이다. 2대 경영주는 와인의 진수를 공부하기 위해 프랑스에 유학까지 갔다. 프랑스 레스토랑을 원형으로 하지만, 가장 일본적인 음식점으로 바뀐 곳이 바로 가미야바다.

가미야바는 일본에서 가장 오래된 서양식 바임에도 불구하고 센소지 주변의 다른 유명 상점에 비하면 젊은 축에 속한다. 현재 바를 운영하는 5대 경영주 가미야 나오야 씨에 따르면 이곳을 들르는 손님은 하루 1000여 명으로, 연간 수입만 7억 엔에 이른다고 한다. 손님의 95퍼센트가 일본인이고, 최근 한국인과 중국인 관광객이 간혹 찾아온다. 가미야 씨는 일본인에게 사랑 받는 이유를 '서민적이기 때문'이라고 설명했다.

일본어에는 '시타마치下町'라는 말이 있다. 서민이 몰려 사는 시장 거리를 말한다. 다소 유행에 떨어질지는 모르지만, 인간미가 넘치는 마을이라는 뜻이다. 가미야바는 시타마치 아사쿠사를 대표하는 가장 서민적인 곳이다. 일본인 대부분은 자신이 특별한 선민選民이나 특수 계급이 아닌, 평범한 서민이라고 믿는다. 가미야바는 그들을 위해 만들어졌으며, 앞으로도 그러할 것이다.

가미야바를 찾는 사람이라면 누구나 예외 없이 마시는 명물 칵테일이 있다. 덴키브란이라는 서민용 초저가 브랜디다. 1880년 가미야바가 문을 연 지 3년 후 선보인 덴키브란은 서양에서 들어온 신문명의 상징인 전기의 일본어 발음인 '덴키電気'와 프랑스 브랜디를 뜻하는 '브란ブラン'을 합쳐 만든 말이다. 톡 쏘는 맛과 향이 가슴을 쓸어내며 알싸함을 전한다. 알코올 도수가 무려 45도에 달한다. 손 안의 체온을 전달해 마시는 영국 브랜디와 달리, 투명하고 차가운 유리잔에 넣어 즐긴다. 제조 기법은 주인만이 알고 있다. 사실 가미야바에 처음 등장한 덴키브란은 술이 목적이 아닌, 서양의 문화와 문명에 호기심을 갖고 있는 평범한 일본인을 위한 것이었다. 덴키브란이 처음 선보였을 때는 '콜레라를 예방할 수 있는 강력한 약'이라는 소문이 돌기까지 했다. 원래 브랜디는 최고의 향기를 자랑하는 최고급 프랑스 술이다.

1880년 문을 연 가미야바는 양복을 입은 바텐더가 칵테일을 직접 만들어주는 곳으로 유명했다. 당시로서는 신문화의 상징이었다. 가장 일본적인 아사쿠사에서 문화 충격을 만들어내기로 결심한 인물은 가미야바의 초대 주인장 가미야 덴베이였다. 그는 18살 때부터 3년간 요코하마의 프랑스계 양조 회사에서 잡역부로 일한 경험을 살려 새로운 시도를 했다.

가미야바는 설립 초기부터 기존의 술집과는 다른 판매 전략을 생각해냈다. 술을 한 잔씩 따라 파는 칵테일을 선보인 것이다. 당시 일본에서 술은 잔이 아닌 병 단위로 판매하고 마시는 것이 상식으로 받아들여졌다. 그러나 가미야는 1881년 프랑스 보르도에서 와인을 직접 수입해 잔으로 나눠 팔기 시작했다. 이후 자신이 직접 일본인의 입맛에 맞는 와인을 만들어 전국에 보급하였다. 취하기 위해 대량으로 마시는 것이 아니라 와인과 브랜디를 작은 잔에 나눠 마시는, 이른바 가미야바 스타일 음주법이

가미야바의 다양한 술. 일찍이 서양의 술을 일본인의 입맛에 맞춰 제조했다.

선풍적 인기를 불러모았다. 그 덕에 '다이쇼大正 시대의 와인 왕'으로 불리게 되었다. 설립 이후 20여 년간 가미야바 내부는 부분적으로 전통 일본식 선술집 분위기로 장식했다. 그러나 1912년부터 가미야바는 서양식 술집으로 탈바꿈했다. 가미야바의 2대 주인인 가미야 덴조우의 노력 덕이었다. 그럼에도 설립 당시 메뉴와 판매 전략, 그리고 서민 중심의 경영 방침은 현재까지도 변함없이 이어져오고 있다.

note

프랑스를 뛰어넘는 레스토랑, 칸데상스

일본 요리의 힘이 전 세계로 퍼져나가고 있다. 프랑스 요리가 세계 최고의 품격을 자랑한다면, 일본 요리는 프랑스 요리를 받쳐주는 강력한 후원자인 셈이다. 고기와 버터 위주였던 프랑스 요리가 채소와 생선을 주재료로 하는 요리로 탈바꿈하게 된 계기는 1970년대에 일본으로 건너가 요리 공부를 한 프랑스 요리사들의 노력 덕분이었다. 그 결과 일본은 미슐랭의 나라 프랑스를 제치고 미슐랭 스타를 가장 많이 보유한 나라가 되었다.

일본 요리는 결코 강하지 않다. 향에 민감하고, 양보다 질을 우선으로 하는 요리 문화가 발달했다. 음식 하나하나의 맛을 살리는 것이 일본 요리의 기본이자 포인트다. 혀가 느끼는 맛은 크게 네 가지로 분류한다. 단맛, 짠맛, 신맛, 쓴맛이다. 그러나 최근 발표된 연구에 따르면 혀는 또 하나의 맛을 느낀다고 한다. 한국어로 감칠맛이라 부르는 우마미Umami다. 우마미란 일본어 '우마미甘み'를 그대로 풀어 쓴 것이다. 달다는 의미를 갖고 있지만, 보통 달다고 느끼기 어려운 음식을 달다고 느끼는 것이 우마미다. 굴을 먹으면서 달다고 느끼는 것이 바로 우마미의 정수다. 칸데상스는 미슐랭 3스타 레스토랑 가운데 가장 젊은 요리사가 일하는 곳으로 유명하다. 37살 키시다 슈조가 주인공이다. 육류 요리로 정평이 난 칸데상스는 정통 프랑스 음식을 메인으로 한다. 석 달을 기다려도 쉽게 자리가 나지 않을 만큼 인기가 높다.

일찍이 요리사가 되기로 결심한 키시다는 고등학교를 졸업하자마자 요리의 길에 입문했다. 나이 23살에 요리 공부를 위해 프랑스에 건너갔다. 말 한마디 통하지 않았지만, 무작정 3스타 레스토랑에 찾아가 먹고 재워주기만 하면 열심히 하겠다고 말한 다음 일을 하게 되었다. 일본 방송에 나온 키시다는 자신의 경험담을 얘기하던 중 손을 보여주었다. 그의 손은 상처투성이였다. 소 한 마리를 도살해 특정 부위를 자르고 골라내는 작업을 반복하는 과정에서 손이 엉망이 된 것이다.

채플린도 팬으로 만든 튀김

하나초
花長

일본에서 덴푸라는 고급 요리로 통한다. 정통 일본 요리 레스토랑에서 먹는 덴푸라는 우리가 알고 있는 튀김과는 차원이 다른 맛을 낸다. 덴푸라는 누구라도 쉽게 만들 수 있는 요리로 보이지만, 정작 요리사들에게는 매우 어렵다. 해산물과 채소의 맛을 그대로 살리면서도 기름의 느끼함을 뺀, 담백한 맛을 내야하기 때문이다. 또한 씹을 때 바삭거리는 이른바 '소리의 맛'도 중요하다. 덴푸라 요리를 전문으로 하는 식당의 주방은 공중에 떠다니는 기름으로 인해 금세 더러워진다. 오래된 기름 냄새로 식당에 들어서는 순간 불쾌하게 느낄 수도 있다. 그러나 진짜 덴푸라 집은 늘 깨끗하고 상쾌하다.

소수의 권력자들만이 즐기던 은밀한 요리

덴푸라의 기원은 포르투갈에서 시작됐다. 16세기 중엽, 나가사키에서 무역을 하던 포르투갈 상인들은 튀김 요리를 즐겼다. 이들은 물자 보급과 상품 구입을 위해 중국 광둥의 마카오에도 들렀다. 마카오에는 자연산 기름이 풍부했다. 그곳에서 기름에 넣어 튀긴 음식이 한층 맛있다는 것을 알게 되었다. 튀김 요리는 일본의 나가사키에까지 전해졌다. 튀김 요리를 덴푸라라고 부르는 이유에는 여러 가지 설이 있는데, 포르투갈어로 조미료를 의미하는 '템페로Tempero'에서 왔다는 게 정설이다.

당시 일본인은 튀김 요리를 유럽의 신문명으로 대접했다. 덴푸라를 튀기는 데 필요한 기름은 유럽과 중국의 광둥 지방에서는 흔한 것이었지만, 일본에서는 특별하고도 비쌌기 때문이다. 부자들의 집을 밝히는 조명 원료로나 사용할 정도였다.

나카사키의 튀김 요리는 입소문을 통해 에도의 도쿠가와 막부로 전달되었다. 이후 막부를 포함한 소수의 권력자들만이 즐기는 '은밀한 요리'로 정착되었다. 당시의 전통은 지금까지 이어지고 있다. 화학방정식에 기초한 비밀스런 기름과 신선한 재료가 조합된 진짜 덴푸라는 최고급 음식에 속한다.

덴푸라의 정수를 알기 위해 도쿄 니혼바시에 있는 하나초에 들렀다. 하나초는 찰리 채플린이 들른 곳으로 유명하다. 채플린은 일본에 올 때마다 일부러 하나초에 들러 30개 이상의 새우 튀김을 먹었다고 한다. 하나초의 덴푸라는 주방에서 조리하여 나오지 않고, 요리사가 직접 와서 각종 재료를 튀겨준다. 고급 음식점에서는 오픈 키친에서 덴푸라를 튀기고 바로 서비스하는 경우가 많지만, 하나초처럼 튀김 가마를 들고 와 서비스하는 경우는 드물다. 하나초가 청결과 위생에 기울이는 노력이 얼마나 대단한지 짐작이 가는 대목이다.

하나초를 찾은 것은 오후 1시 30분쯤이었다. 대나무로 장식된 레스토랑은 문 안으로 들어가는 5미터 정도의 작은 길로 연결돼 있다. 점심시간이 끝나갈 무렵이라 문을 닫기 직전이었다.

"워싱턴에서 일부러 왔습니다만……"

키모노 차림의 오카미女将에게 식사가 가능한지 정중하게 물었다. 오카미는 웃으면서 대기실로 안내했다. 오카미란 일본의 전통적인 여관이나 레스토랑에서 일하는 총지배인을 뜻한다. 오카미의 문화적 소양에 따라 레스토랑과 여관의 분위기나 평가는 완전히 달라진다. 이른바 카리스마 오카미로 불리는 여성은 수십억 원의 계약금을 받고 다른 곳으로 스카우트되기도 한다.

레스토랑 내부에는 작은 다다미방이 이어져 있었다. 방 안에 놓인 물건 하나하나가 작은 예술 작품처럼 느껴졌다. 자리에 앉자, 벚꽃 잎을 넣은 따뜻한 차가 나왔다. 사쿠라유桜湯다. 미각보다 후각을 민감하게 만드는 맑은 차로, 주로 결혼식 같은 기념일에 마신다.

좋은 레스토랑일수록 사람을 침착하게 만드는 숨은 노하우가 어딘가에서 느껴진다. 숨소리 조차 들리지 않는 다다미방에서 따뜻한 차를 마시는 동안 수많은 생각이 머리를 스쳐간다. 일본의 정통 요리점은 스스로 생각하게 만드는 묘한 분위기를 갖고 있다. 불교의 선禪과 관련된 음식을 다루기 때문일 것이다.

2750엔 하는 점심 메뉴를 주문했다. 계절에 맞고 값도 싸서, 하나초를 찾는 사람들에게 가장 인기 있는 메뉴다. 주문을 끝내고 기다리는 사이, 식탁 앞에 있던 병풍이 천천히 옆으로 회전하기 시작했다. 병풍 뒤에 있던 청동 가마가 모습을 드러냈다. 놀랍

기도 하고 재미있기도 해서 무의식중에 박수를 쳤다. 회전 가마는 손님을 깜짝 놀라게 하는 퍼포먼스였는데, 이미 100년 전에 고안해 낸 하나초만의 특수 기술이다.

"먼 곳에서 일부러 찾아주셔서 고맙습니다."

하나초의 주인이자 요리사인 혼다 요시아키 씨가 청동 가마 뒤에 앉아 인사를 했다. 혼다 씨는 160여 년 역사를 잇는 하나초의 5대째 주인이다. 둥근 모양의 청동 가마 깊이는 70센티는 족히 넘어 보였다. 커다란 청동 가마를 사이에 두고 전부 12개 코스인 덴푸라 요리가 시작되었다. 혼다 씨는 먼저 새우를 튀겼다. 바삭거리면서도 톡 쏘는 특유의 맛을 얼마나 정확하게 전달하느냐가 관건이다. 새우탕이나 새우볶음과 같은 요리는 이미 새우의 고유 영역을 침해한 요리다. 새우의 본래 맛을 잃어버렸기 때문이다. 꼬리만 남긴 채 한입에 베어 물었다. 요리사가 청동 가마에 재료를 넣어 1, 2분간 튀긴 뒤 하나씩 건네준다. 160년간 이어온 특별한 병기인 하나초의 소금, 간장, 후추가 곁들여 나온다. 주로 소금을 찍어 먹지만 아예 소스 없이 그냥 먹는 경우도 많다. 신선한 요리는 특별한 장식이 필요 없다. 두 번째로 뱀장어가 나왔다. 약간 커서 몇 번에 나눠 먹는 것이 좋다. 뱀장어는 냄새가 강하다. 후춧가루를 살짝 뿌려서 먹는 것이 좋다. 보리멸치, 문어, 굴, 연근, 가지, 고추, 버섯, 아스파라거스 튀김이 줄줄이 이어졌다. 즉석에서 튀겨주는 해산물과 채소 튀김은 과연 소문대로 덴푸라의 정수였다.

MENU

새우 덴푸라와 밥

청동 가마에서 튀겨 바삭거리면서 톡 쏘는 새우 특유의 맛이 살아 있는 새우 덴푸라

문어와 굴 덴푸라

굴 특유의 출렁거림을 살린 굴 덴푸라와 문어의 미끈한 질감을 살린 문어 덴푸라

고추 덴푸라

즉석에서 튀긴 고추의 아삭함을 느낄 수 있는 고추 덴푸라

튀김 맛의 비결은 기름의 적절한 혼합 비율

청동 가마를 앞에 두고 만들어지는 덴푸라 요리를 접할 때는 요리사와 대화를 나눌 수 있다. 요리사를 만나 음식에 대한 생각과 조리법을 직접 물어보고 싶은 충동은 누구에게나 있을 것이다.

Q. 하나초가 일본만이 아니라 세계적으로 알려진 이유는 무엇인가.

A. 맛있기 때문이다. 물론 찰리 채플린이 찾았기 때문에 흥미 삼아 오는 사람도 있다. 최근에는 영국 배우 휴 그랜트가 와서 그를 보려는 사람들로 인해 주변 도로가 마비되기도 했다.

Q. 하나초의 특징은 무엇인가.

A. 맛이 좋은 것은 당연하고, 막 만든 덴푸라를 바로 즐길 수 있다는 점이 다른 집과 다르다. 원래 덴푸라는 만든 즉시 바로 먹어야 한다. 보통 곧바로 먹기 위해서는 덴푸라를 만드는 가마 옆에 앉아서 먹을 수밖에 없다. 그러나 하나초는 선대가 개발한 회전식 가마를 이용하여 방인에서도 바로 튀긴 덴푸라를 먹을 수 있다.

Q. 덴푸라 요리의 맛을 결정하는 것은 무엇인가.

A. 신선한 재료, 재료를 감싸는 반죽의 정도와 반죽의 성분, 튀기는 기름을 어떻게 혼합해서 몇 도에서 만들어내는가 등이다. 특히 어떤 기름을 어떤 비율로 혼합해서 만들지가 덴푸라의 맛을 결정하는 핵심이다. 하나초는 참기름을 쓰는 교토식 덴푸라를 만드는데, 크게 세 종류의 기름을 혼합해서 만든다. 기름은 100여 년 이상 선조들과 거래해온 곳에서 공급한다.

Q. 구체적으로 새우 덴푸라를 예로 들어 설명하면?

A. 새우 덴푸라는 일단 재료가 신선해야 한다. 새우를 구입한 즉시 머리를 잘라서 얼음이 담긴 차가운 물속에 넣어 냉장고에서 하루 정도 보관한다. 새우는 차가운 물속에 들어가면 아미노산이 생성되면서 맛이 달콤하게 변한다. 다음으로 중요한 것은 반죽이다. 달걀을 넣고, 밀가루만이 아니라 감자, 쌀과 같은 여러 가지 재료를 사용한다. 반죽이 끝난 뒤

온도를 차갑게 유지하는 것도 유의할 점이다. 새우가 차가운 냉장고 속에 있기 때문에 반죽도 새우의 온도에 맞춰야만 서로 밀착이 잘된다. 온도가 다르면 새우와 반죽 사이에 미세한 공기가 들어가게 되고, 이럴 경우 튀길 때 공기 속으로 기름이 스며들어 새우가 갖고 있는 자연스러운 맛이 사라진다. 결국 느끼한 기름 맛이 남을 수 있다. 반죽이 재료와 밀착해야 원재료의 맛과 향기를 그대로 보존하면서 즐길 수 있다.

Q. 재료에 따라 튀김 온도가 다른가.

A. 보통 섭씨 180도를 전후로 나눈다. 생선은 조금 온도를 높이고 채소는 반대로 온도를 낮춘다. 보리멸치는 빨리 익히고 뱀장어는 냄새가 강하기 때문에 천천히 익힌다. 어느 정도 튀길지는 재료에 따라 다르다. 요즘은 가스로 불을 조절하지만 선친은 숯으로 했기 때문에 상당히 힘이 들었으리라 생각한다. 기름은 최소 30센티미터 정도는 되어야 깊은 맛이 나온다. 기름은 10인분 이상 만든 뒤에는 반드시 바꿔줘야 신선도가 유지된다.

Q. 가업을 잇기로 결심한 것은 언제인가.

A. 고등학교 때다. 대학을 졸업한 뒤 1년간 도쿄의 아카사카赤坂 요정에서 숙식을 하면서 덴푸라 요리 견습생으로 일했다. 당시 요리장은 '남이 가르쳐주면 잊어버리기 쉽다'면서 특별히 아무것도 가르쳐주지 않았다. 하는 일은 기름으로 범벅이 된 그릇을 닦는 것이 전부였다. 할 수 없이 아침 일찍 일어나 그릇 닦기를 1시간 전에 끝낸 뒤 전날 본 요리장의 솜씨를 기억하면서 혼자서 연습을 했다. 생선을 자르는 것부터 시작했다. 덴푸라의 진수를 알게 된 것은 일을 시작한 지 5년이 지난 27살 때였다.

Q. 하나초라고 하면 일본인들은 찰리 채플린을 떠올린다고 들었다. 그에 얽힌 얘기를 들려달라.

A. 채플린은 사람들 앞에서 부끄러움을 많이 탔다. 선친이 만든 새우 덴푸라를 먹기 위해 250킬로미터 떨어진 교토에서 택시를 타고 올 정도였다. 요코하마의 한 선박 회사가 회사 홍보를 위해 전용 유람선을 제공하겠다는 제의를 하자

채플린은 '하나초에서 먹은 것 같은 새우 덴푸라를 만들어 주면 배를 타겠다'고 말했다고 한다. 다음날 선박 회사 사장이 찾아와 선친에게 새우 덴푸라 만드는 비법을 가르쳐달라고 무릎을 꿇고 애원했다. 선박 회사는 비법을 어느 정도 배운 뒤 채플린에게 새우 덴푸라를 제공했다고 한다. 채플린은 눈 깜짝할 사이에 36개를 먹었다. 채플린은 덴푸라를 먹은 뒤엔 항상 직접 그린, 작은 그림과 글씨를 남겨주었다. 채플린은 일본과 인연이 많다. 채플린이 등장할 때 항상 빙빙 돌리는 작은 나무 지팡이는 일본 장인이 대나무로 만든 물건이다. 채플린의 영화 속에 등장하는 많은 소품도 일본 장인들의 작품이다.

Q. 개인적으로 가장 맛있는 덴푸라는 어떤 것인가.

A. 사람에 따라 취향이 다르겠지만 민물고기인 은어야말로 덴푸라 재료로는 최고라 생각한다. 은은한 향이 있고, 특히 여름철의 은어는 최고의 맛을 보장한다. 1급수에만 사는 은어의 맛을 아는 사람만이 덴푸라의 진가를 알 수 있다.

Q. 덴푸라를 맛있게 먹는 방법이나 노하우가 있는가.

A. 튀긴 뒤 곧바로 먹는 것이 중요하다. 향과 맛, 빛깔을 즐기면서 먹는 것이 좋다. 차가운 정종을 곁들여도 좋다.

하나초에서의 꿈같은 시간은 한순간에 지나갔다. 혼다 씨의 설명을 들으면서 먹으니 덴푸라 맛의 진수가 무엇인지 알 것도 같았다.

일본 황가의 자존심
제국 호텔 레스토랑

라 브라세리
La Brasserie

"일왕의 집에서 가까우면 가까울수록 일본의 중심에 서 있음을 의미한다."

황거皇居, 곧 일왕의 집은 도쿄는 물론 일본 전체의 심장에 해당하는 곳이다. 국회, 정부 청사, 언론사, 기업체 등 일본을 대표하는 정치, 경제, 언론의 선두 주자들이 숲으로 뒤덮인 낮은 담장 너머의 황거를 에워싸고 있다. 일본에서 본사나 사무실의 주소가 치요타쿠로 되어 있다는 말은, 바로 권력의 핵심에 들어서 있다는 것을 의미한다.

제2차 세계대전 도쿄 공습 당시 B-29 폭격기도 공격을 자제한 황거 주변에는 고품격의 서비스업도 발달해 있다. 황거의 동남쪽에 위치한 유라쿠초와 긴자에 들어선 고급 음식점과 요정, 동쪽 니혼바시의 키모노와 가부키가 대표적이다. 그중에서도 독보적인 존재는 히비야 공원 바로 앞에 위치한 제국 호텔이다. 일본인들에게 도쿄에서 가장 머물고 싶은 호텔이 어디냐고 묻는다면 십중팔구 제국 호텔이라고 답할 것이다. 이 호텔에 머물면서 제국 극장에서 가부키를 보고, 긴자 거리에서 쇼핑을 하고 싶다는 것이 보통 일본인의 바람이다. 한국인에게 '제국'이란 말은 거부감을 불러일으키는 과거의 상처와 연결되지만, 일본인에게는 묘한 잿빛 향수를 자아내는 추억의 산실이다.

고 이병철 회장이 머물며 마음 졸이던 호텔

체크인을 하기 위해 호텔 안으로 들어서는데, 로비가 관광객들로 꽉 차 있었다. 로비 한가운데 있는 대형 이케바나生花 장식을 보기 위해서다. 일본 최고의 장인들이 창조하는 이케바나 장식은 제국 호텔이 자랑하는, 작지만 꾸준한 이벤트 중 하나다. 가끔 도자기, 서예, 그림 전시회도 열리지만, 제국 호텔 하면 가장 먼저 떠오르는 것은 화려하면서도 섬세한 이케바나 장식이다.

방까지 가방을 전달해준 직원에게 팁 100엔을 주자 극구 사양했다. 미국과 달리 일본은 웨이터가 팁을 절대 받지 않는다는 사실을 깜박했다. 방 안은 메이지 시대를 떠올리게 하는 분위기가 지배하고 있었다. 붉은색 주단과 비단 천으로 장식된 낮은 의자.

제국 호텔은 일본이 근대화에 나섰던 메이지 시대인 1890년에 탄생했다. 외국 수반들을 접대하기 위한 영빈관 성격이었다. 지상 3층으로, 독일 네오 르네상스 양식으로 만들었다.

대한제국이 앞날을 가늠하기 어렵던 시기에 일본은 독일을 역할 모델로 삼고 근대화를 서둘렀다. 군국주의와 천황 시스템은 물론, 독일식 기계체조까지 도입했다. 제국 호텔은 개점과 동시에 근대 문명의 상징으로 자리 잡았다. 개점 후 1년 뒤부터는 때마침 화재를 맞은 국회 회관 역할을 대신하기도 했다. 초대 총리였던 이토 히로부미는 이곳에서 일상 업무를 했다. 출발 때부터 일왕의 영향권에 있던 제국 호텔은 현재도 최고층 펜트하우스를 일왕 가족에게만 제공하고 있다. 2004년 5월 일왕의 딸인 노리노미야紀宮의 결혼식이 일본 역사상 처음으로 황거가 아닌, 제국 호텔에서 거행되어 화제를 낳기도 했다.

제국 호텔은 한국의 정치가나 경제인들과도 깊은 인연이 있다. 삼성의 고 이병철 회장이 가장 먼저 떠오른다. 1961년 5.16 쿠데타가 일어나던 당일 이 회장은 공교롭게도 제국 호텔에 머물고 있었다. 국가재건최고회의는 이 회장을 부정 축재자 1호로 지목하고 당장 귀국을 종용했다. 국내에 들어오면 곧바로 구속될 수도 있는 상황이었다. 아니나 다를까. 부정 축재자로 지목된 다른 기업가 11명은 이미 구속되어 있었다. 이 회장은 6월 26일 귀국했다. 박정희 당시 국가재건최고회의 부의장을 만나 감옥행은 면했지만, 제국 호텔에 있는 동안 마음고생은 극에 달했을 것이다.

일본에서 스테이크와 바이킹 뷔페를 처음 선보인 곳

제국 호텔은 일본에 서양 음식을 소개한 레스토랑으로도 의미가 크다. 일본인이라면 누구나 알고 있는 '샤리아핀 스테이크'의 기원도 제국 호텔이다. 샤리아핀 스테이크는 잘게 썬 양파즙에 하루 정도 담근 쇠고기로 만드는 요리다. 육질이 월등하게 유연하여 먹기에 편하다. 이름은 1936년 제국 호텔에 머물렀던 세계적 오페라 가수 피요르 샬리아핀Fyodor Chaliapin에서 딴 것이다. 치통으로 고생하던 샬리아핀은 '육질이 연한 스테이크' 를 주문했다. 샬리아핀 스테이크는 폭발적인 인기를 누렸다. 스테이크는 키를 키우고 몸을 건강하게 만들어 주는 '문명국의 건강 요리'로 받아들여졌다. 농경 민족인 일본은 원래 고기, 특히 쇠고기나 돼지고기를 먹지 않았다.

제국 호텔은 '바이킹' 뷔페의 원조로도 유명하다. 뷔페란 원래 프랑스 말로 다양한 종류의 음식을 맛본다는 의미를 갖고 있다. 바이킹은 1958년 제국 호텔이 기획한 특별 요리 이벤트에서 시작되었다. 그들은 어떤 타이틀로 이벤트를 할지 고민했다. 뷔페라는 말이 생소했기 때문이다. 힌트는 〈바이킹〉이라는 영화에서 얻었다. 영화에서 바이킹들은 노획한 물건을 앞에 두고, 수많은 음식과 술을 함께 나눠 먹는다. 당시 영화를 보고 온 요리부 최고 책임자는 다양한 음식을 한꺼번에 먹는 것이 바이킹들의 음식 풍속과 같다고 여기고 특별 요리 이벤트를 '바이킹'이라고 불렀다.

제국 호텔은 13개의 직영 레스토랑을 운영하고 있다. 일본, 중국, 프랑스, 이탈리아 음식 등 전 세계 고급 요리를 모두 맛볼 수 있다. 이 가운데 최고는 단연 라 브라세리다. 초창기부터 시작한 유럽 알자스 지방의 정통 요리를 120년간 이어오고 있다. 프랑스 상파뉴 지방의 정통 요리를 즐길 수 있는 레 세종을 최고로 치는 사람도 있지만, '관록과 역사'에서 라 브라세리와는 비교할 수 없다.

1975년 일본을 처음 방문한 영국의 엘리자베스 여왕에게 점심을 대접한 곳도 라 브라세리였다. 독일식 호텔을 모방한 제국 호텔은 음식도 당시 독일 영토였던 알자스 지방의 음식을 기반으로 했다. 라 브라세리는 초창기에는 독일에서 아이디어를 얻었지만, 제2차 세계대전 이후부터는 점차 프랑스로 눈을 돌렸다. 1950년대부터 제국 호텔의 요리사들은 파리의 리츠 호텔에서 요리 실습을 받았다. 1898년 오픈한 파리 리츠는 호텔로서는 전 세계 최고라고 할 수 있다. 이 호텔의 직영 레스토랑은 프랑스 요리의 정수를 보여주는 곳으로, 최소한 미슐랭 2스타를 항상 유지한다.

최고 인기 메뉴는 단연 로스트 비프

라 브라세리를 찾은 것은 오후 2시였다. 오후 1시 반 이후 오는 손님에 한해 '무려 10종류'의 제국 호텔 케이크를 제공하기 때문이다. 레스토랑은 붉은색 천으로 장식된 의자와 1900년 파리 만국박람회 당시를 떠올리게 하는 철골 구조물로 된 아르누보 양식의 샹들리에로 치장되어 있었다. 전체적으로 19세기말 서구 유럽의 분위기를 느낄 수 있는 평화롭고 고전적인 곳이다. 사방의 벽은 공간을 넓어 보이게 하기 위해 거울로 장식되어 있다. 점심 메뉴는 애피타이저, 2개의 메인, 디저트로 구성되어 있다.

애피타이저로 포타주 수프를 주문했다. 감자를 미세하게 간 뒤, 버터와 양파로 맛을 냈다. 프랑스 요리 맛을 가늠하는 핵심은 포트 속에 끓고 있는 수프에 달려 있다. 프랑스의 어떤 레스토랑에 가도 부엌 한가운데에서는 자신들만이 알고 있는 비법으로 만든 수프가 큰 포트 속에서 끓고 있다. 포트 속의 수프는 모든 요리에 어떤 식으로든 들어간다. 포트 속의 수프 맛이 레스토랑 음식 맛의 원천인 셈이다.

포타주는 포트에 끓인 소스, 또는 수프를 의미하는 말로, 크게 두 종류로 구분한다. 탁한 느낌의 포타주 리에와 맑은 맛을 내는 포타주 크레르. 흔히 말하는 콘소메 수프는 포타주 크레르의 범위에 들어간다. 주로 닭, 쇠고기로 만드는 소스나 수프를 포타주 크레르, 감자나 호박과 같은 식물성 재료를 위주로 한 것을 포타주 리에라고 한다. 이를테면 한국의 곰탕은 맑은 포타주 크레르에 해당한다.

애피타이저로 나온 수프는 감자를 주성분으로 한 진한 포타주 리에였다. 그러나 뜻밖에도 맛은 무척 가벼웠다. 버터나 치즈를 조금씩 사용하면서 맛을 냈기 때문이다. 버터나 치즈를 너무 많이 넣으면 위가 무겁게 되어, 당연히 메인의 맛이 떨어진다.

첫 번째 메인은 미국식 소스로 만든 왕새우 요리다. 미국식 소스가 프랑스식과 어떻게 다르냐고 묻자, 프랑스식이 점점이 찍듯이 바른 것이라면 미국식은 전체를 적시는 스타일이라는 답이 돌아왔다. 왕새우 요리는 엘리자베스 여왕이 도쿄에 왔을 때도 대접한 음식이다. 왕관을 쓰고 있는 여왕을 모티브로 왕새우 표면을 황금색 띠로 둘렀다고 한다. 과연 엘리자베스 여왕은 왕관을 쓴 자신의 모습을 한 왕새우를 보고 어떤 반응을 보였을까?

일본에서 먹는 프랑스 요리의 특징을 두 가지로 압축하라면, 위에 부담을 주지 않을 정도로 가벼우며 소금도 많이 사용하지 않는 섬세한 음식이라고 정의할 수 있다. 라 브라세리에서 먹은 새우 요리는 마치 맹수를 길들여서 애완동물로 바꾼 뒤 만든 요리 같다는 생각이 들었다. 맹수 그 자체를 즐기려는 사람에게는 반감을 주겠지만, 뭔가 새로운 변화를 원하는 사람들에게는 격찬을 받을 수 있는 요리다.

두 번째 메인으로 나온 것은 제국 호텔에서 가장 유명한 요리 중 하나인 로스트 비프다. 로스트 비프는 제국 호텔을 찾는 사람들에게 가장 인기 있는 메뉴다. 으깬 감자와 꼬마 무, 버섯, 브로콜리가 장작불 냄새가 나는 쇠고기와 함께 나왔다. 쇠고기 위에는 포타주 수프에서 맛본 라 브라세리만의 특제 소스가 뿌려져 있었다. 소스를 적신 쇠고기의 지방은 입에 넣는 즉시 녹아 들어갔다. 이어서 서양 고추냉이를 한입 베어 물었다. 영어로 홀스 레디시로 알려진 서양 고추냉이는 무와 고추냉이의 중간 정도의 맛을 낸다. 로스트 비프처럼 구운 쇠고기 요리를 먹을 때 반드시 등장하는 향신료다.

일본식 스테이크 요리의 특징 중 하나는 미국과 달리 채소가 반드시 스테이크와 함께 등장한다는 점이다. 가장 많이 볼 수 있는 스테이크용 채소는 무다. 섬세하게 간 무를 간장과 함께 스테이크에 발라 먹는 일본식 요리에 거부감을 갖는 사람도 있겠지만, 건강에는 좋다.

디저트는 제국 호텔이 자랑하는 10가지 종류의 갖가지 케이크였다. 직원이 케이크 수레를 끌고 와서 원하는 종류를 물었다. 모두 합하면 거의 1000칼로리에 육박했지만, 호텔의 역사를 모두 맛보고 싶다는 생각에 전부 주문했다. 이름조차 기억하기 어려운 다양한 케이크를 먹은 뒤엔 언제나 그러하듯 반성과 후회만 남았다. 체중이 늘 것이 걱정됐지만, 제국 호텔이 갖고 있는 역사와 맛을 평생 기억하게 만드는 행복한 반성과 후회였다.

MENU

포타주 수프

감자를 잘아 버터와 양파로
맛을 낸 수프

로스트 비프

장작불에서 오랫동안 구운
쇠고기 스테이크로, 라 브라세리의
인기 메뉴 중 하나

디저트

10가지 종류의 다양한
라 브라세리 케이크

Beyond Michelin

미슐랭이
부럽지 않은
진짜 맛집

스페인 최고最古, 최고最高

보틴

이탈리아 화이트 트리플

라 지네스트라

베트남에서 만난 프랑스 정통 레스토랑

트루아 구르망

황제의 만찬 만한전석

메이와이젠

후통 골목에서 만난 나만 아는 베이징 오리 집

리췬 카오야디엔

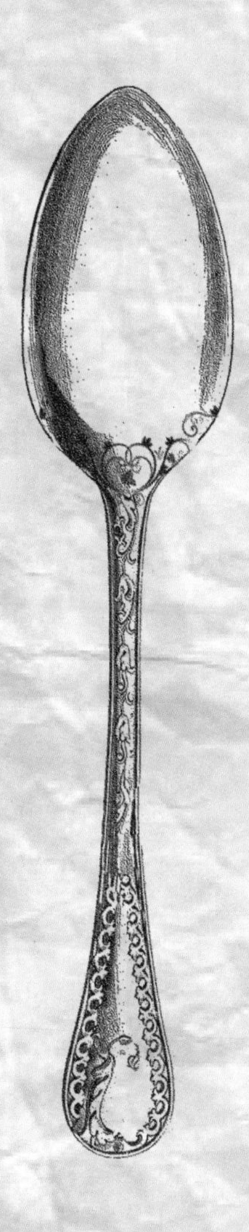

스페인 최고最古, 최고最高

보틴
Botin

문학과 음식의 조합은 언뜻 보면 전혀 어울리지 않는 듯하지만, 자세히 들여다보면 밀접한 관계를 지닌다. 문학은 눈으로, 음식은 입으로 정신과 육체를 만족시킨다. 문학과 음식은 독립된 것이 아니라 통합된 형태로 나타나기도 한다. 문학 속에 등장하는 음식 이야기가 그것이다.

19세기 프랑스 사실주의 문학의 대표 소설가 발자크는 파리의 유명 레스토랑 시식기를 썼음은 물론, 자신이 쓴 수많은 단편집에 먹는 장면을 반드시 집어 넣었다. 미식과 탐식을 동시에 즐긴 그는 앉은 자리에서 석화 100개, 가자미, 새끼 양 등심 10접시, 새끼 오리, 산새구이 2마리, 배 12개를 포도주와 커피를 곁들여 먹어치운 기록도 갖고 있다. 한편 헤밍웨이는 스페인을 배경으로 한 소설 속에 스페인 음식에 대한 특별한 애착을 여기저기 남겼다. 보틴 레스토랑도 두 번이나 등장한다.

보틴은 나폴레옹과 화가 고야의 일화로도 잘 알려져 있다. 나

1887년의 보틴 레스토랑(왼쪽)과 2011년의 보틴 레스토랑(오른쪽).
100년이 지났지만 변함없이 18세기 풍경을 간직하고 있다.

폴레옹은 스페인을 점령한 뒤 보틴에서 식사를 했으며, 고야는 궁중 화가가 되기 전에 이곳에서 바닥 청소와 접시닦이 일을 하기도 했다. 나폴레옹과 고야 모두 18세기 말 인물이란 점을 감안할 때, 보틴의 역사가 얼마나 오래되었는지 잘 알 수 있다. 이러한 역사를 증명하듯 보틴은 세계에서 가장 오래된 레스토랑으로 기네스북에 이름을 올렸다.

미슐랭 별 몇 개로 평가할 수 없는 역사의 맛

보틴은 1725년 문을 열었다. 287년 역사를 간직한 유서 깊은 레스토랑으로, 해마다 유네스코 세계문화유산 최종 심사에 오르내린다. 짙은 고동색 나무로 치장된 외벽으로 인해 바깥에서 볼 때부터 이미 18세기의 풍경이 고스란히 되살아나는 기분에 젖는다.

보틴은 3층으로 나뉜다. 와인 보관소로 활용되기도 하는 지하의 동굴형 식당과 285년간 불씨가 꺼지지 않았다는 돼지구이용

장작불이 있는 1층, 그리고 유화와 보틴의 역사가 남아있는 2층이다. 2층 창가 테이블은 최소 한 달 전에는 예약을 해야 한다. 헤밍웨이가 즐겨 앉던 자리다.

점심 식사는 오후 1시부터 4시까지 이어진다. 스페인, 포르투갈, 이탈리아 남부, 그리스와 같은 지중해 연안 지역의 저녁은 보통 밤 9시나 10시부터 시작한다. 손님이 가장 적은 시간대인 오후 3시 무렵, 지하 동굴 테이블에 자리를 잡았다. 식탁 바로 옆에 위치한 지하 2층의 와인 저장소는 손님들을 위해 일부러 문을 열어둔 상태였다. 들어가보니 와인 수천 병이 거미줄 속을 뒤집어쓴 채 엉켜 있었다. 1815년산 와인도 눈에 띄었다.

안달루시아 지방의 명물 가스파초를 애피타이저로 주문했다. 더운 여름에 먹는 채소 수프인 가스파초는 스페인을 대표하는 음식이다. 토마토와 마늘, 오이, 파슬리, 빵, 올리브 오일, 양파, 식초, 화이트 와인을 함께 갈아 만든다.

헤밍웨이가 최고의 레스토랑이라고 극찬했던 보틴은 그의 소설에도 등장했다.

가스파초에 이어 치피로네스 틴타Chipirones Tinta(오징어 먹물 요리)가 나왔다. 스페인 특유의 굵고 단단한 쌀로 만든 리소토다. 치피로네스 틴타는 원래 이탈리아 베니스가 원산지다. 이탈리아 말로는 네로 세피아Nero di Sepia, 영어로는 스퀴드 잉크Squid Ink다.

16세기 말 베니스가 페스트로 거의 초토화되던 당시, 베니스 시민들은 페스트에 강한 음식으로 네로 디 세피아를 먹었다. 검게 탄 페스트 환자의 피부보다 더 진하고 검은 오징어의 먹물이야말로 죽음을 막아주는 약이라고 믿었기 때문이다. 네로 디 세피아는 이후 무역 도시 베니스와 관계를 갖고 있던 나폴리, 스페인, 포르투갈과 같은 지중해 연안 국가로 전파되었다.

오징어 먹물 요리는 재료가 신선하지 않으면 결코 먹을 수 없다. 반나절만 지나도 상하기 때문이다. 보틴에서 맛본 오징어 먹물 요리는 지중해 해산물 요리의 정수를 보여주었다. 한국 오징어에 비해 다소 짜기는 했지만, 바닷물에서 방금 건진 신선함이 요리 전체를 지배하고 있었다. 염분이 강한 요리는 스페인과 포르투갈 요리의 특징이다. 미네랄 워터도 염분이 높기 때문에 물을 마신 뒤 와인을 마시면 맛을 모를 정도다.

메인 요리는 로스트 베이비 피그, 곧 불에 익힌 새끼 돼지 요리다. 스페인어로 코치니요 아사도Cochinillo Asado라 불리는 이 요리는 스페인 중부 카스티야 지방을 대표하는 음식이다. 새끼 돼지 요리가 카스티야에서 발달하게 된 배경에는 무슬림과의 전쟁이 자리 잡고 있다. 15세기 말 이베리아 반도에서 무슬림이 전부 쫓겨날 때까지 카스티야에서는 돼지고기를 금기시하고 있었다. 주민들은 무슬림에 대항하기 위해 구운 새끼 돼지고기를 높이 매달고 냄새를 사방에 퍼트리면서 신경전을 벌였다. 무슬림 또한 기독교인들이 악마의 향이라고 부르던 양파를 던지며 맞대응하곤 했다. 흥미로운 것은, 오늘날에는 새끼 돼지 요리를 양파와 함께 먹기도 한다는 점이다.

보틴의 돼지고기 요리는 약한 불로 하루 종일 굽기 때문에 지방이 거짓말처럼 줄어든다. 기름이 쫙 빠진 돼지고기는 닭고기 맛과 비슷하다. 오히려 더 담백하고 쫄깃하다. 레드 와인은 새끼 돼지 요리를 한층 맛있게 즐길 수 있도록 도와주는 최고의 콤비다. 보틴에서의 기억은 단 한 번만 가도 영원히 남을 수밖에 없다. 맛 때문이기도 하지만 보틴의 역사에서 느껴지는 고풍스러운 메뉴판을 손님에게 선물로 주기 때문이다. 기념품으로 레스토랑 메뉴판을 아직 한 번도 받아본 적이 없는 사람에게는 더욱 값진 기억으로 남을 것이다.

MENU

안달루시아 지방의 명물 가스파초

빵 위에 토마토와 마늘, 오이와
갖가지 소스를 넣어 만든 가스파초

코치니요 아사도

약한 불에 하루 종일 구운
새끼 돼지 요리

아이스크림 디저트

초콜릿을 입힌 아몬드 아이스크림

이탈리아 화이트 트리플

라 지네스트라
La Ginestra

"두 개의 버섯 중 하나는 커질 것이고, 다른 하나는 작아질 것이다."
_≪이상한 나라의 앨리스≫ 가운데

외국에 나가면 그 나라 말로 번역된 ≪이상한 나라의 앨리스≫를 찾아다닌다. 글을 읽기 위해서가 아니다. 책 속에 나오는 갖가지 삽화에 관심이 있기 때문이다. 이탈리아 제노바에서 1911년판 고서를 구입했다. 정말 기뻤다. 오래된 책일수록 등장하는 캐릭터들의 모습이나 움직임이 더욱 재미있고 다채롭다.

책에서 가장 눈여겨 보는 부분은 배추벌레 그림이다. 어떤 모습을 하고 어떤 행동을 하는지, 안경은 썼는지, 수염과 형형색색 신발은 어떻게 그렸는지 등 나라마다 지방마다 제각각 특색 있게 그린 배추벌레의 모습에 매료된다.

그러나 버섯 그림은 큰 차이가 없다. 목이 긴 우산 모양의 버섯 일색이다. 어찌 보면 버섯을 대하는 사람들의 시각은 의외로 단순한 듯도 하다. 딱 한 권 예외가 있다. 리옹에서 2달러에 구입한 1925년판이다. 긴 우산 모양이 아닌, 울퉁불퉁한 바위 형상을 한 원통형 버섯이 그려져 있다. 딱딱해 보이는 버섯이다.

앨리스도 보고 깜짝 놀랄 바위 버섯 요리

몇 년이 지난 후 책에 그려진 원통형 바위 버섯의 실물을 보았다. 뉴욕 52번가 포시즌스 호텔 레스토랑에서였다. 버섯 요리를 주문했는데, 수석 요리사가 다가오더니 마치 보물함을 다루듯 유리병 안에서 조심스럽게 무엇인가를 꺼내들었다. 리옹에서 찾은 ≪앨리스≫ 책에서 본 것과 똑같은 울퉁불퉁한 원통형 버섯이었다. 크기는 7센티미터 정도로, 통에서 꺼내는 순간 뭐라고 설명할 수 없는 신비한 향이 코끝을 자극했다. 화이트 트리플이다. 수석 요리사는 프랑스 파리에서 이틀 전에 구입해 아침에 도착한 것이라는 설명을 덧붙였다.

수석 요리사는 화이트 트리플을 예리한 칼로 얇게 썰었다. 레스토랑에 있는 사람들은 모두 요리사의 모습을 보며 감탄과 탄성을 질렀다. 요리사는 얇게 썬 트리플을 15개 정도 리소토 위에 얹었다. 캐비아, 푸아그라와 함께 세계 3대 진미라 불리는 화이트 트리플을 처음 만나는 순간이었다.

단 한 번뿐이었지만, 그날 이후 화이트 트리플의 노예가 되었다. 맛 때문이 아니다. 사람의 기억에 오래 남는 것은 맛보다는 냄새다. 지나가는 여인의 향수 냄새에서 옛 사랑의 그림자를 발견하듯이.

우리가 송로松露라 부르는 트리플 요리는 꾸준히 발전해 왔다.

기원전 2000년 전에 이미 트리플을 먹는 장면의 그림이 등장하고, 로마 시대에는 귀족들 사이에서 대단한 인기를 끌었다. 본격적으로 세상에 알려진 것은 1789년 프랑스 혁명 직후다. 귀족들만 즐기는 고급 요리에 서민들도 빠져들기 시작한 것이다. 이후 트리플의 수요가 급증하면서 19세기에는 프랑스 전역에 트리플 양식 열풍이 불었다. 프랑스 전역에 포도밭이 사라지고 트리플 양식장이 들어섰다. 그러나 양식은 생각만큼 간단하지 않았다. 당시의 상황에 대해 프랑스 음식 문화의 새로운 지평선을 연 브리야 사바랭은 다음과 같은 글을 남겼다.

"세상에서 제일 유식한 인간들이 트리플 인공 재배의 비밀을 알 수 있다고 믿으면서, 그 씨앗을 찾기 위해 광분하고 있다. 그러나 지금까지 인공 재배를 통해 수확을 한 곳은 단 한 군데도 없다."

수차례의 실패 끝에 1847년 마침내 아구스테 루소가 양식에 성공하였다. 이후 트리플은 20세기 초를 정점으로 점차 수요가 줄어들었다. 두 번의 세계대전으로 생산지가 황폐해지고 전문 생산자가 사라졌기 때문이다. 21세기 들어 프랑스는 트리플 양식 시설을 확대하였다. 중국인의 트리플 선호 열풍이 가세하면서 가격이 급등했기 때문이다.

최고의 트리플은 이탈리아산 화이트 트리플이다. 인공 재배된 프랑스산 트리플은 화이트가 아니다. 화이트 트리플의 인공 재배는 남다른 노하우와 능력, 그리고 시간이 필요하다. 같은 크기의 트리플이라고 하더라도 블랙과 화이트는 전혀 가격이 다르다. 화이트 트리플이 10배 정도 더 비싸다. 트리플은 크면 클수록, 향이 강하면 강할수록 가격이 기하급수적으로 올라간다.

화이트 트리플의 진미를 알기 위해 우르비노 지방의 아쿠아라냐로 향했다. 로마에서 북서쪽으로 260킬로미터 떨어진 곳으로, 자동차로 4시간 정도 걸린다. 우르비노 지방은 맑은 물과 험한 산세로 유명하다. 트리플의 본산지로는 제격인 자연환경이다. 화이트뿐만이 아니라 블랙 트리플도 많이 수확한다.

아쿠아라냐에 도착해 라 지네스트라 레스토랑을 찾았다. 작은 호텔도 겸하고 있었다. 아쿠아라냐에서 가장 큰 레스토랑으로, 바로 옆에 우르비노가 지정한 천연 공원이 이어진다. 70세 가까운 주인 엘리아나가 반갑게 맞아줬다. 영어가 전혀 통하지 않는다. 이탈리어말로 화이트 트리플을 사랑하다는 뜻의 '아모레 비양코 타르투포Amore Bianco Tartufo'를 연발하자 웃으면서 자리로 안내했다. 겨울밤이라 손님 수는 적었다.

애피타이저로 이탈리아식 육회에 해당하는 쇠고기 카르파치오를 시켰다. 우르비노 특산 치즈가 얇게 카르파치오 위를 덮고 있었다. 레몬을 살짝 뿌린 카르파치오는 붉은 무와 어우러져 전혀 느끼하지 않았다.

두 번째로 나온 음식은 브루스게타다. 웨이터가 들고 나오는 순간 특유의 향 때문에 재료가 뭔지 곧바로 눈치를 챘다. 먼 길을 달려와 만난, 고대하고 고대하던 화이트 트리플이다. 빵 위에 올린 화이트 트리플은 살짝 녹은 치즈와 어우러져 깊은 맛을 냈다.

이어서 파스타가 나왔다. 파스타 위에도 화이트 트리플이 올라 있다. 화이트 트리플이 몇 개인지 세어봤다. 20개 정도다. 정말 어마어마한 숫자다. 좋은 음식을 앞에 두고서는 부자간의 의리도 없다는 말이 있듯이, 화이트 트리플의 향에 취해 주변 눈치 볼 것도 없이 게걸스럽게 파스타를 먹기 시작했다.

화이트 트리플을 가장 맛있게 먹는 방법은 두 가지다. 아무런 첨가물 없이 파스타 위에 얹어 먹는 방법, 그리고 오믈렛과 함께 먹는 방법이다. 올리브 오일이나 치즈도 필요 없다. 아주 단순하게 아무 장식 없이 즐기면 된다. 트리플과 와인의 콤비 역시 중요하다. 의외로 강한 와인이 좋다. 트리플의 향과 맛이 워낙 강하기 때문이다. 드디어 로마에서 4시간을 달려와 즐긴 화이트 트리플 만찬이 끝났다. 누구나 그렇겠지만 맛있는 음식을 맛보면 삶에 대한 욕구가 한층 강해진다. 15년 만에 재회한 화이트 트리플은 인생의 즐거움이 무엇인지를 다시금 일깨워주었다.

MENU

카르파치오

우르비노 특산 치즈가 올라간
쇠고기 카르파치오

브루스게타

특유의 향을 내는 화이트 트리플을
올린 이탈리아 스타일의 타파스

스파게티

화이트 트리플을 올린
라 지네스트라의 수제 파스타

베트남에서 만난
프랑스 정통 레스토랑

트루아 구르망
Trois Gourmands

2011년 겨울의 베트남 호찌민은 변함없이 뜨거웠다. 12월 초인데도 낮 기온이 섭씨 30도에 육박했으니, 말만 겨울이지 한여름이나 다름없었다. 호텔 앞에서 베트남 특유의 교통수단인 시클로를 찾았지만 아무리 찾아봐도 보이지 않았다. 알고 보니 미관상의 이유로 호찌민 중심에 있는 호텔들이 시클로의 진입을 막는다고 했다. 결국 오토바이를 빌렸다. 말도 잘 안 통하는 택시 기사와 입씨름을 하느니, 혼자 오토바이를 타고 다니는 것이 편하겠다는 생각에서였다. 여권을 맡기고 8달러를 내면 하루 종일 탈 수 있다. 호찌민에서 오토바이는 아무나 빌려 탄다. 면허증도 필요 없다. 헬멧 착용은 의무지만 면허증 없이 타다가 사고가 나면 당사자가 책임질 뿐이다. 신기하게도 호찌민에 머무는 일주일 동안 사고가 일어나는 것을 단 한 번도 보지 못했다.

오토바이를 빌린 이유는 베트남에 오기 전부터 벼르던, 호찌민 최고의 프랑스 레스토랑에 가기 위해서였다. 호찌민에서 프랑스 레스토랑을 찾다니. 정신 나간 생각이라 말할지 모르지만, 나름의 확신이 있었다.

베트남의 프랑스 레스토랑을 미슐랭의 본고장 파리와 비교하는 것은 불가능하다. 그러나 시도해볼 가치는 충분히 있다. 베트남은 과거 프랑스의 식민지였다. 그 영향으로 지금도 수많은 프랑스 관광객들이 찾아온다. 프랑스 음식도 매우 발달했다. 호찌민에만 프랑스인이 직접 경영하는 레스토랑이 30군데가 넘는다고 하니, 베트남에서 프랑스 요리를 먹는다는 것이 이상할 것도 없어 보인다.

각종 여행 정보로 유명한 트립 어드바이저에 접속하여 호찌민의 먹거리 정보를 샅샅이 훑었다. 사이트 정보를 보면서, 호찌민 레스토랑에 관한 외국인들의 엄청난 관심에 놀랐다. 레스토랑을 소개한 목록도 342개에 달했다. 베트남 전통 음식부터 해외 음식에 이르기까지 종류도 다양했다.

그중 가장 평판이 좋은 라 빌라라는 프랑스 레스토랑을 예약했다. 그러나 베트남에서 프랑스어를 가르치며 호찌민에 정착했다는 프랑스인 자크의 말을 듣고는 라 빌라의 예약을 취소했다. 자크는 내게 "라 빌라도 좋지만, 진짜 프랑스 요리를 먹으려면 니스 출신 요리사가 있는 트루아 구르망에 가야한다"고 말했다. 10년 넘게 베트남에 살면서 찾아낸 곳일 테니 믿어도 좋을 듯 했다. 게다가 요리사가 니스 출신이라는 점도 마음에 들었다.

프랑스 식민 당시의 영향이겠지만, 호찌민은 파리처럼 도시 권역을 숫자로 나눠 관리한다. 시클로를 대신하여 빌린 오토바이에 올랐다. 호텔에서 트루아 구르망까지는 1시간이나 걸렸다. 원래 20분도 안 걸리는 거리지만, 일방통행이 많은 호찌민의 도로 사정을 잘 몰랐기 때문에 돌고 또 돌다보니 늦어졌다. 트루아 구르망은 신흥 주택가 한 가운데에 들어서 있었다. 문에 와인 잔을 든 닭 그림이 그려져 있었다. 크고 고급스런 주택을 개조한 곳이라고 한다.

레스토랑 안으로 들어서자 콧수염을 기르고 재미있는 얼굴을 한 요리사가 반갑게 맞아주었다. 점심시간이 지난 터라 레스토랑에는 나 혼자뿐이었다. 평소에도 낮에는 손님이 별로 없고, 저녁에만 붐빈다고 한다.

프랑스인 질스는 요리사이자 주인이다. 2001년 베트남으로 이주했다. 고향 니스에서 요리사로 일하다 베트남 특산물 수입상과의 인연으로 인생의 무대를 베트남으로 옮겼다고 한다. 프랑스인들이 가장 즐기는 점심 메뉴를 추천해달라고 부탁했다. 질스는 코스 요리를 권했다. 애피타이저 3개, 메인, 디저트, 치즈, 그리고 코냑으로 이어진 7개 코스다. 애피타이저에 앞선 서비스로 아뮤즈 부슈가 나왔다. 계란을 잘게 으깨어 올리브 오일, 바질을 올린 음식이다. 프랑스 요리에서도 올리브 오일은 남부 지방에서 주로 사용한다. 인접한 이탈리아의 영향이다. 질스는 계란 요리를 선보이면서, 30여 개 정도가 들어있는 계란 다발을 들고 와서 자랑했다. 전부 아침에 자신이 직접 수확한 계란이란다. 닭은 근처 농장에서 놓아 키운다.

첫 번째 애피타이저로 푸아그라가 나왔다. 세계 3대 진미인 푸아그라는 언제 먹어도 맛있다. 느끼한 맛을 없애기 위해 채소와 달콤한 배가 함께 나왔다. 가격이 저렴한 베트남 푸아그라도 있지만 질스는 프랑스에서 공수한 푸아그라만 사용한다고 했다.

두 번째 애피타이저는 사과와 함께 버무린 부댕 누아르였다. 부댕은 한국식으로는 순대, 독일식으로는 소시지의 일종이다. 색깔이 희면 부댕 블랑이라 하고, 색이 검으면 부댕 누아르라 한다. 부댕 누아르의 주 재료는 돼지피와 돼지고기다. 주로 프랑스 내륙에서 많이 먹는다. 재료 이름만 들어서는 비린내가 나서 먹지 못할 것 같지만, 이곳의 부댕 누아르는 사과의 상큼한 맛이 배어 있어 전혀 거부감 없이 먹을 수 있었다.

질스는 음식 하나가 끝나면 반드시 테이블로 와서 소감을 물었다. 기왕 자리에 왔으니 괜찮은 와인을 추천해달라고 했다. 질스는 와인 셀러에 가서 직접 고르지 않겠느냐고 제안했다. 섭씨 14도로 맞춰진 와인 셀러는 주방 옆에 있었다. 무려 5000병에 달하는 프랑스산 수입 와인이 진열된 것을 보고 굉장히 놀랐다. 가장 비싼 와인이 뭐냐고 묻자, 질스는 부르고뉴의 1953년산 매종 르모아제네 페레를 선반에서 조심스럽게 꺼냈다. 레스토랑에서는 2만 2000달러에 판매한다. 이 와인을 시키면 그날 음식은 전부 공짜다. 베트남에서 누가 그런 비싼 와인을 마시느냐고 묻자, 정보 통신 관련 비즈니스를 하는 베트남인들이 주요 고객이라고 한다.

자리로 돌아오자 세 번째 애피타이저가 나왔다. 토끼 요리다. 잘게 썬 토끼 고기를 배추에 싸서 버터와 레드 와인 소스에 버무린 요리다. 양파를 살짝 튀겨 야생동물 냄새를 죽였다. 맛이 순하고 깊다.

수준급 프랑스 레스토랑인지 아닌지는 메뉴를 보면 금세 안다. 예컨대 푸아그라와 소시지는 프랑스인이 아니라도 만들 수 있다. 재료만 있으면 된다. 그러나 토끼, 비둘기, 개구리를 재료로 한 요리는 다르다. 오직 프랑스인만이 만들고 즐기는 음식이다. 유럽에서 토끼, 비둘기, 개구리를 고급 요리로 만드는 나라는 오직 프랑스뿐이다.

메인 요리는 가리비로 만든 스캘롭이었다. 신선하고 적당한 탄력을 갖고 있는 스캘롭은 서구인이 가장 즐기는 조개다. 애피타이저 요리처럼 버터와 레드 와인으로 만든 소스를 뿌렸기 때문에, 조금 다른 재료의 소스를 써서 맛을 다양화하는 것도 좋으리란 생각이 들었다. 같은 소스에 익숙해지면서 입맛이 둔해진 탓이다.

메인 요리가 끝내자 프랑스 레스토랑이라면 예외 없이 등장하는 치즈 군단이 이어졌다. 베트남인 웨이터가 10여 종류의 치즈를 일일이 설명해주었지만 들어도 잘 모를 것 같아서 가장 인기 있는 치즈가 무엇인지 물었다. 웨이터는 질스가 직접 만든 신선한 니스 스타일의 치즈를 추천했다. 겉모습이 이탈리아 모차렐라와 닮은 요리사 특제 치즈는 대단히 부드러웠다. 치즈 맛을 음미하는 동안 코냑도 나왔다. 코냑의 맛을 잘 모르지만, 마시면 쉽게 잠에 빠진다는 것쯤은 알고 있다. 호찌민에서 만난 니스의 프랑스 요리는 코냑과 함께 꿈속으로까지 이어질지도 모르겠다.

MENU

푸아그라

세계 3대 진미 중 하나인 푸아그라

토끼 요리

토끼 고기를 배추에 싸서
버터와 레드 와인으로 버무린 요리

스캘롭

우리나라의 가리비 요리와
비슷한 스캘롭 요리

황제의 만찬 만한전석

메이와이젠
美味珍御膳

전 세계가 중국 경제에 주목하고 중국의 미래에 대해 한마디씩 하는 상황이지만, 중국 제품에 대한 이미지는 썩 좋지 못하다. '메이드 인 차이나' 하면 떠오르는 불신 때문이다. 음식도 마찬가지다. 아무리 맛있다 하더라도, 화학조미료를 지나치게 많이 사용하고 서비스나 청결 면에서도 함량 미달이라는 지적을 자주 받는다. 그 때문인지 지구촌 어느 구석에나 중국 레스토랑이 있지만, 미슐랭 가이드북에 이름을 올린 곳은 한 군데도 없다.

그러나 원래 중국은 음식 문화가 대단히 발달한 나라다. 사람들이 모여 음식을 즐기는 파티, 곧 연회 문화는 이미 4000년 전부터 있었다. 춘추전국시대의 기록에도 요리 관련 놀이나 정치 이야기가 빈번하게 등장한다.

메이드 인 차이나라 더욱 자랑스럽다

중국이 자랑하는 고급 연회 문화 가운데 최고는 만한전석滿漢全席이다. 만한전석은 역대 청나라 황제들이 즐겨 먹던 음식으로, 청나라 6대 황제 건륭제乾隆帝 때부터 시작된 궁중 요리다. 요컨대 황제만을 위한 음식이다. 만한전석은 건륭제가 현재의 강소성江蘇省인 양주揚州를 방문하면서 시작되었다. 양주는 국제 무역항이자 소금 산업으로 부를 축적한 곳이다. 견륭제의 방문 소식에 현지 한족 상인들은 황제를 위한 특별 음식을 준비하였다. 당시 기록을 보면 총 3일간 5회에 걸쳐 200여 종류의 음식이 나왔다. 구체적으로 세 번째까지는 10가지 음식과 수프가 나온다. 참고로 청나라 음식은 만주족의 음식을 바탕으로 했기 때문에 채소나 생선보다 고기 요리가 많았다. 네 번째부터는 만두탕 20가지가 등장한다. 마지막으로는 술이 20종, 작은 접시 음식이 20종류, 디저트로 과일과 견과류가 10가지씩 나오는 것으로 길고 긴 식사가 끝을 맺게 된다. 식사 도중 시와 노래, 경극 공연도 펼쳐진다.

만한전석은 황제의 권위와 힘을 상징하는 음식으로 자리 잡았다. 음식을 제사, 외고, 예법 등 정치적으로 활용했다. 구체적으로 사연祀宴, 존연尊宴, 연연燕宴, 위연圍宴이라는 네 개의 의식을 통해 궁중 예법으로 발전하였다. 사연祀宴은 조상에 대한 기도 의식, 존연尊宴은 초대 손님에 대한 존경과 인사, 연연燕宴은 서로 간의 우정을 확인하는 의식, 위연圍宴은 서로 술을 나누거나 음식을 나누면서 즐기는 의식을 말한다.

만한전석을 직접 체험하기 위해 베이징 건국문 국제무역센터에 있는 메이와이젠 황가皇家를 찾았다. 메이와이젠은 원자바오 중국 총리를 포함하여 일본 수상들도 즐겨 찾는 고급 레스토랑이다. 이곳의 만한전석은 등급에 따라 다섯 종류로 나뉜다. 가격은 최하 50만 원에서 최고 100만 원 정도 한다. 15퍼센트의 세금이 따로 붙는다. 청나라 황제가 먹던 음식을 축소하여 2~3인분을 기본으로 만든다. 코스는 총 13가지에 달한다.

1. 차
2. 4개 접시의 찬 채소류
3. 접시에 담긴 4개의 따뜻한 딤섬류
4. 4개의 접시에 담긴 견과류
5. 황제가 먹는 불도장
6. 4개의 다른 종류의 왕새우
7. 어린 새끼 돼지고기
8. 낙타 등(허리) 부분 고기
9. 은행과 닭을 조린 요리
10. XO 소스를 섞은 조개
11. 해산물 모음
12. 하와이 땅콩과 케이크 모음
13. 요구르트와 과일

진수는 뭐니 뭐니 해도 불도장이다. 최소 몇 주일에서 최대 한 달 이상 불에 달이는 탕 요리의 진수다. 청나라의 황제들이 즐긴 불도장에는 백두산 산삼과 호랑이와 낙타의 성기, 학의 목, 기린의 성대 등을 넣었다고 전해진다. 만한전석은 향이 강한 음식이 주를 이룬다. 낙타 요리는 육질이 부드럽고 맛은 있지만, 강한 양념과 향 때문에 진짜 낙타의 맛이 무엇인지 알기 어렵다. 향료와 조미료를 많이 첨가하는 이유는 야생동물의 누린내를 없애기 위해서다. 만한전석을 경험한 사람은 메이드 인 차이나에 대한 인식을 바꿀 수밖에 없다. 품위가 느껴지는 고급 요리이기 때문이다. 맛이 아닌 멋으로 한 번쯤 맛보아도 좋은 요리다.

MENU

샐러드

4개의 접시에 나온 찬 채소류

딤섬

접시에 담긴 따뜻한 딤섬류

불도장

황제만 먹을 수 있었다는
탕 요리의 진수

후통 골목에서 만난 나만 아는 베이징 오리 집

리췬 카오야디엔
利群烤鸭店

미식가에게는 누구나 '나만 아는 숨은 맛집'이 있게 마련이다. 베이징에 갈 때마다 그런 식당을 찾곤 한다. 베이징 오리 요리는 베이징이나 중국에 가는 사람이라면 누구나 찾는 음식이다. 불에 살짝 익혀 바삭바삭한 껍질과 담백한 육질의 오리고기를 특제 소스에 찍어 먹는 행복한 기억을 갖고 있는 사람도 많을 것이다. 여러 식당 가운데 베이징 시내의 리췬 카오야디엔을 추천한다. 북한과의 6자 회담을 주도한 미국 외교관 크리스토퍼 힐 대사가 베이징에 갈 때마다 반드시 들르는 곳으로도 유명하다.

리췬은 저녁보다 낮에 가는 것이 좋다. 후통胡同을 천천히 걸으면서 눈과 발로 느끼려면 밤보다는 낮이 적당하기 때문이다. 후통이란 베이징의 뒷골목을 의미한다. 중국 특유의 정취를 느낄 수 있는 후통은 본연의 중국과 중국인을 속살을 엿볼 수 있는 살아있는 학습장이기도 하다. 후통에는 베이징 전통 가옥 사합원四合院을 포함하여 작고 오밀조밀한 식당과 가게들이 늘어서 있다.

중국의 속살을 느낄 수 있는 후통 골목길.

사람들에게 겨우겨우 길을 물어가며 마침내 리췬에 도착했다.

리췬의 입구는 붉은색 등불로 장식되어 있다. 안으로 들어가자 리췬을 다녀간 수많은 유명인의 사진들이 걸려 있다. 크리스토퍼 힐이 편안한 차림으로 찍은 사진도 있다. 앨 고어 미국 전 부통령, 배우 주윤발의 사진도 볼 수 있다.

식당 안으로 들어서자 4개의 크고 작은 방 안에 10개의 테이블이 늘어서 있다. 지금까지 가본 베이징 오리 전문점 중에서 가장 작은 규모다. 식당 입구에는 대추나무를 연료로 하는 화로가 놓여 있었는데, 나무 타는 향이 식당 전체를 메웠다. 오리를 구울 때 쓰는 화로라고 한다.

리췬의 오리고기는 1인분에 약 4만 원 정도한다. 2인분을 주문하면 6만 원쯤 한다. 오리고기와 2만 원짜리 장성 와인을 함께 시켰다. 먼저 오이, 파, 빠오빙薄餠, 멘장麵醬이 식탁에 올랐다. 빠오빙은 파와 고기를 함께 싸서 먹는 만두피의 일종으로 너무 얇아서 투명하게 비칠 정도다. 자장면의 원료이기도 한 멘장은 한국인의 입맛에 다소 짜게 느껴질 수 있지만, 상대적으로 단맛도 강하다.

오리고기는 주문 후 약 1시간 만에 나왔다. 늦게 나올수록 화로에서 많은 시간을 보낸다는 의미이니 이 정도 기다림은 얼마든지 환영이다. 종업원은 화로에서 잘 구운 오리고기를 통째 들고 와 눈앞에서 커다란 중국식 칼을 익숙하게 놀려 껍질을 잘라주었다. 이런 퍼포먼스도 베이징 오리고기를 먹는 즐거움 중 하나다. 자른 오리고기는 접시 두 개에 나눠 담는다. 첫 번째 접시에는 가슴살만 담고, 두 번째 접시에는 나머지 부위를 담는다. 오리고기 맛의 핵심은 가슴살이기 때문에 이를 먼저 먹은 뒤 나머지를 먹으라는 뜻이다.

대추나무 향이 밴 바삭바삭한 껍질 부분은 입에 넣자마자 그대로 녹아내렸다. 이렇게 맛있는 베이징 오리 요리는 실로 오랜만이었다. 식사를 마치고 주인과 기념사진을 찍었다. 최고급 베이징 오리 요리에서 주방장으로 일하다 지금은 작은 요릿집을 운영 중이지만 그의 솜씨는 최고급 그 이상이었다. 낡은 외투를 걸친 후통 거리의 평범한 노인처럼 보이는 그에게 후통이 언제 재개발에 들어가느냐고 물었다. 그러자 그는 웃으면서 "아마 1년 이내?" 하고 답했다. 옆의 여자 종업원이 서투른 영어로, 다음에 올 때는 화려하고 거창한 식당으로 돌변해 있을 것이라고 자랑스럽게 말했다. 후통에서 사라지기 전에 경험한 리췬에서의 베이징 오리고기 맛은 입 안에서뿐만이 아니라 추억과 정취로 가슴속에 영원히 남아 있을 것이라는 생각이 들었다.

MENU

리췬의 베이징 오리

베이징 오리와 함께 먹으면
어울리는 빠오빙, 자장면의
원료이기도 한 멘장

레스토랑 안에 걸린 유명 인사의 사진

외교관이자 미식가인 크리스토퍼
힐 대사와 앨 고어, 주윤발 등이
들렀다 간 흔적

죽기 전에 꼭 맛봐야 할 베이징 오리 전문점

값으로 음식을 평가할 수는 없지만, 중국에서는 요리의 가격을 보면 화장실의 수준이 어느 정도인지 알 수 있다. 간단히 말해 깨끗한 곳에서 베이징 오리고기를 먹기 위해서는 1인당 최소 5만 원 정도는 준비해야 한다. 보통 두 명을 기준으로 오리고기 한 마리에 6만 원, 술이나 음료를 추가하면 총 10만원 정도가 된다. 1인당 만 원짜리도 있겠지만, 그런 식당은 닭이 오리로 둔갑할 수 있다는 사실을 염두에 두는 것이 좋다. 5만 원 정도의 예산으로 먹을 수 있는 베이징 오리 전문점 다섯 곳을 소개한다.

취엔쥐더 카오야디엔全聚德烤鴨店

1864년 처음 문을 열었다. 어느 나라에든 하나쯤 지부를 둔 글로벌 레스토랑이다. 입구에 들어가는 순간 부시 전 대통령의 환한 얼굴을 볼 수 있다. 부시 전 대통령은 1970년대 중반 미국과 중국이 정식 국교를 맺기 전까지 미국 연락 대표부의 최고책임자로 일했다. 당시 내전 상황을 감안한다면, 첩보 관련 일이 주된 업무라고 짐작할 수 있다. 그는 CIA 국장으로 일한 경험을 바탕으로 중국을 담당하게 된다. 베이징에 머물던 부시는 일주일에 한번은 베이징 오리고기를 먹었다고 한다. 맛도 있지만, 외교의 일환으로 베이징 오리를 활용한 것이다. 취엔쥐더는 해외는 물론 중국 체인 사업에도 힘을 쏟고 있다. 체인점이 늘어나면 음식 수준이 떨어지는 경우가 많지만, 그렇더라도 상대적으로 가격이 싸기 때문에 한 번쯤 가 볼 만한 곳이다.

펜이팡 카오야디엔便宜坊烤鴨店

1855년 창업한 가장 오래된 오리 전문점 중 하나다. 다른 식당과 달리 지방을 빼는 특수한 방식의 조리법으로 인기가 높다. 오리고기의 핵심은 느끼한 지방을 얼마나 많이 빼느냐에 달려 있지만, 반대로 지방이 갖고 있는 고소한 맛을 살리는 것도 중요하다. 그런 점에서 이곳은 오랜 경험과 특수한 조리법으로 많은 손님을 끌고 있다.

다둥 카오야디엔大董烤俺店

중국 최고의 셰프로 알려진 둥董씨 형제가 운영하는 곳이다. 오리의 지방을 35퍼센트까지 줄인 혁신적인 요리법으로 화제를 모았다. 1985년 '베이징 카오야'라는 이름으로 출발했다. 다른 곳에 비해 역사는 짧지만 현대식 건물과 깨끗한 환경, 서구식 서비스로 베이징 관광객이 가장 많이 찾는 식당으로 자리 잡았다.

주화산 카오야디엔九花山烤鸭店

'동쪽의 다둥大董, 서쪽의 주화산九花山'으로 불릴 정도로 베이징 오리고기의 양대 산맥에 해당하는 곳이다. 하루에 판매하는 오리고기는 200마리로 제한하고 있다. 가끔은 오리고기 맛도 못 보고 발길을 돌려야 할 때도 있다. 예약을 하지 않으면 식사하기 어려운 곳이다.

야왕鴨店

오리 100마리당 한 마리 정도 나온다는, 이른바 황제오리를 먹을 수 있는 곳이다. 황제오리 가격은 한 마리에 무려 10만 원이나 하지만, 그 맛을 한번 보면 계속 찾게 된다. 지방을 빼기보다, 지방이 갖고 있는 고소함을 살리는 곳으로도 유명하다.

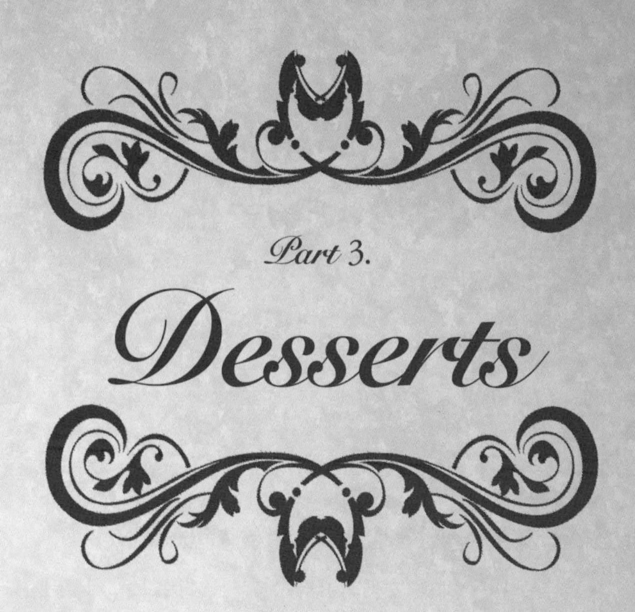

Part 3.

Desserts

프랑스 미식 문화는
어떻게 발전해 왔는가?

프랑스 미식 문화는 어떻게 발전해 왔는가?

요리 선진국 프랑스 식당에서 왜 러시아식 서비스를?

음식 문화가 국민들에게 확산되면서 테이블 예법과 서비스에도 변화가 나타났다. 원래 프랑스 요리는 18세기 말까지만 해도 여러 음식이 한꺼번에 나오는 식이었다. 수프, 애피타이저, 메인, 세 코스로 되어 있었지만, 한 코스에 나오는 음식의 종류만 해도 10여 가지가 넘었다. 오늘날의 뷔페로 생각하면 된다. 왕과 귀족들은 자신의 권력을 과시하기 위한 수단으로 음식을 양껏 준비했다. 특별한 식사 예법도 없었다. 일단 테이블 위에 요리가 도착하면 서비스하는 사람도 없이 각자 알아서 직접 칼로 음식을 자른 뒤 손으로 뜯어먹었다. 오늘날 서양 식당에서 식탁에 놓는 핑거볼은 고기를 손으로 뜯고 먹는 과정에서 묻은 기름을 씻기 위한 전통에서 유래한 것이다. 당시의 핑거볼은 초대형으로 모두가 함께 사용했다. 물 잔과 와인 잔도 따로 구분하지 않았다. 심지어 술잔을 돌려가며 마시기도 했다. 식사를 하는 중간에 연주나 서

커스 같은 연회도 이루어졌다.

양을 조절하여 요리를 내놓기 시작한 것은 루이 16세가 처형된 후 시민사회가 등장한 이후의 일이다. 귀족 체제에 대한 반발이라는 주장도 있지만, 한꺼번에 많이 나올 경우 음식이 식고 맛이 떨어지는 것을 막기 위한 실용적인 측면이 더욱 강했다. 곧 소량의 음식을 한 접시에 담은 채 어느 정도 시간을 두고 하나씩 내오는 러시아식 서비스가 주류로 자리 잡게 되었다. 이 서비스는 음식을 조리한 즉시 곧바로 먹을 수 있고, 특히 요리사가 시간을 갖고 음식을 준비할 수 있다는 장점이 있다. 음식을 조금씩, 그리고 천천히 먹기 때문에 건강에도 좋다. 그러나 예상과는 달리 초기에는 더 많은 음식을 먹어야만 했다. 계속 등장하는 접시에 담긴 양이 많았기 때문이다. 접시에 담긴 음식의 양은 시간이 흐르면서 점차 소량으로 변해갔다.

요리 선진국인 프랑스가 러시아의 영향을 받았다는 사실은 언뜻 보면 이상하다. 그러나 1870년 프랑스가 독일의 전신인 프로이센과의 전쟁에서 패한 뒤 러시아와 연대를 통해 독일을 견제했다는 정치적 배경을 이해한다면, 18세기 말부터 시작된 친 러시아 분위기를 충분히 이해할 수 있다. 프랑스혁명 과정에서 궁중의 많은 요리사들이 러시아 궁중과 귀족에게 후원을 받은 것도 한몫했다. 요컨대 19세기 파리는 러시아 붐의 중심지였다. 오늘날 프랑스 요리 서비스는 러시아 방식을 따르고 있다. 웨이터들이 일렬로 늘어서서 손님의 시중을 들면서 음식을 나르고, 새 접시와 포크, 나이프를 준비한다.

한때 신에게 도전하는 죄악이었던 미식은

18세기 말 미식을 탐하는 음식 문화가 출현하기 시작했을 때 가장 먼저 반발한 곳은 교회였다. 당시 가톨릭을 신봉하던 프랑스 교회는 미식을 7가지 죄악 중 하나로 규정하였다. 미식은 대식大食, 곧 탐욕을 의미했기 때문이다. 종교적 관점에서 볼 때 미식은 개인의 취미나 취향이 아니라 신의 계율에 도전하는 죄악이었다. 음식이란 삶을 유지하기 위한 수단일 뿐, 즐기기 위한 목적이 될 수 없다고 여겼기 때문이다.

18세기 프랑스 교회는 절대왕권에 맞서기 위해 청빈주의를 내세웠다. 음식에 대한 욕구를 죄악으로 몰아간 것도 그 때문이었다. 구체적으로 교회는 대식과 미식은 신이 허락한 음식을 경멸하는 행동이며, 결국 몸을 병들게 하고 생명을 단축시킨다고 단언했다. 교회의 이러한 방침과는 상관없이 세속주의의 극을 달리던 프랑스의 왕과 귀족들은 '맛있는 음식이야말로 신이 인간에게 준 가장 큰 선물'이라고 여기며 음식에 탐닉했다. 이들은 대규모 만찬을 열어 음식을 즐기며 권력을 과시했다. 많은 음식을 준비하고, 그것을 먹을 수 있다는 것은 권력과 돈을 가진 특별한 사람만이 누릴 수 있는 사치였다. 미식이 교양 있는 인간이라면 누구나 누릴 수 있고 누려야만 하는 가치와 의미로 해석되기 시작한 것은 19세기 초부터의 일이다. 당시 쏟아져나오기 시작한 음식 관련 비평 책들은 음식에 대한 기존의 편견을 바꾸고, 미식을 긍정적으로 받아들이는 전도사 역할을 하였다.

예법을 지키며 먹으니 더 맛있다

미식이 종교로부터 자유로워지면서 미식을 대하는 자세, 곧 식사 예법 문제가 자연스럽게 등장하였다. 귀족들 사이에서 식사 예법에 따라 음식을 먹어야 진짜 미식가라는 생각이 퍼져나갔다. 현재까지도 지켜지는 이 예법의 원조는 부르봉 왕조 2대 왕 루이 13세 때 완성된 것이다. 16세기 말부터 체계를 갖추기 시작한 프랑스의 식사 예법은 그리스 로마 시대 귀족들의 식사 모습을 본뜬 것으로 알려져 있으나 실제는 다르다. 그리스인들은 식탁 위에 오른팔을 올려 턱을 괸 채 식사를 했으며, 로마 귀족들은 식탁을 중심으로 모두 옆으로 누운 채 음식을 들었다. 서서 먹는 것보다 앉아서, 앉아서 먹는 것보다 누워서 먹는 것이 권력과 돈을 가진 자들의 상징이었기 때문이다. 손으로 머리를 받친 채 옆으로 누워서 먹다 보면 당연히 칼과 같은 도구를 쓸 수 없다. 누군가의 도움을 받아서 식사를 할 수밖에 없다. 아니면 한 손으로 음식을 집어야 한다. 극에 달한 로마의 사치를 이야기할 때 반드시 언급되는, 음식을 혀로 맛보고 씹은 뒤 삼키지 않고 토해내는 행위도 주변의 도움이 있었기에 가능했다.

로마가 동서로 분열되고 중세에 들어서면서 식사 예법은 궁중에서 꽃을 피웠다. 영어로 친절, 예의, 정중, 호의를 의미하는 'Courtesy'는 궁중Court에서 이뤄지는 행동이란 뜻이다. 루이 13세 때 만들어진 식사 예법은 프랑스혁명을 거쳐 시민사회로 확산되었다. 신흥 부르주아에게 궁중 식사 예법은 신분 상승과 시대의 변화를 동시에 느끼게 만드는 비밀스런 의식이기도 했다. 이들은 '그들만이 은밀히 즐겨온 의식을 우리도 할 수 있다'고 생각하며 뿌듯해했다. 19세기 초부터 식사 예법은 매뉴얼화되었으며, 현재에도 크게 변함이 없다.

- 식탁에서는 웨이터의 서비스가 시작되기를 기다려라.
- 웨이터가 수프를 줄 때 접시를 손으로 들고 기다리지 말라.
- 혀를 내밀어 입술을 다시지 말라.
- 먹을 때 입을 크게 벌리지 말라.
- 입에 음식을 넣은 채 말하지 말라.
- 팔을 식탁 위에 올리지 말라.
- 빵을 와인에 넣어서 먹지 말라.
- 칼로 치아 사이를 소제하지 말라.
- 냅킨으로 땀을 닦지 말라.

오늘날의 기준으로 보면 너무도 당연하지만, 냅킨을 무릎 위에 놓은 채 포크와 칼을 사용하여 소리 없이 음식을 즐기는 예법이 정착된 것은 불과 100년도 안 되는 셈이다.

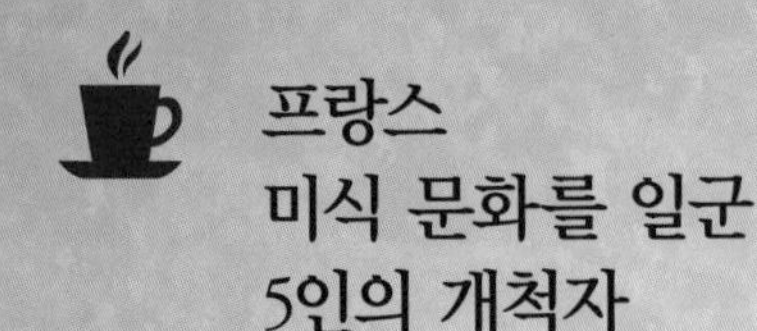

프랑스 미식 문화를 일군 5인의 개척자

프랑스가 세계인의 찬사를 받는 미식의 나라로 자리매김하기까지는 요리사들뿐만이 아니라 지식인들의 특별한 노력과 공헌도 뒤따랐다. 훌륭한 요리가 되기 위해서는 요리사의 음식 솜씨와 더불어, 훌륭한 요리라는 생각을 머리에 인식시켜주는 지적 노력이 필요하기 때문이다.

프랑스의 미식 연구가들은 프랑스 음식이 요리 이상의 가치를 갖게 된 것은 19세기 초 불었던 프랑스 요리에 대한 지식인들의 열정적인 성원에서 찾을 수 있다고 말한다. 미식은 주방에서뿐만 아니라 신문, 잡지, 대학, 실험실, 문학, 외교를 통해 논의되면서 더욱 풍성해졌다. 이 중 음식 문화의 전도사로 손꼽을 수 있는 대표적인 인물은 크게 5명으로 압축할 수 있다. 프랑스 요리를 신이 부여한 축복으로까지 격상시킨 음식 문화의 개척자 5명의 흔적을 살펴본다.

그리모드Grimod de la Reyniere

그리모드는 세계 역사상 처음으로 음식 비평 책를 썼으며, 미식을 예술로 이해한 사람이다. 1803년 처음으로 레스토랑에 관한 평가와 평론을 시작했을 때, 파리 레스토랑의 요리사들은 자신들을 나쁘게 평하는 그리모드를 죽이기 위해 청부업자를 고용했을 정도로 명성이 높았다. 언론인 출신인 그는 '탐욕과 아름다움에 관한 신문', '손님을 위한 레드가이드'라는 비평 기사를 통해, 원래 왕과 귀족들 사이에서만 통용되던 미식에 관한 갖가지 예법과 사상을 당시 막 등장한 부르주아에게도 알렸다. 부르주아는 미식은커녕 스푼과 포크의 사용법도 모르고 있었다. 그럼에도 왕과 귀족들이 만끽했던 음식 문화를 체득하려는 욕망은 강렬했다.

벼락부자가 된 사람이 돈에 걸맞게 문화적 소양을 높이려는 욕구와 같은 것이다. 부르주아는 레스토랑을 오가며 비즈니스를 하는 경우가 많았는데, 이곳에서 식사를 하는 동안 미식 문화에 얼마나 밝은지를 이야기하며 이를 교양의 잣대로 판단하기도 했다.

그리모드는 1803년부터 1821년에 걸쳐 발간한 8권의 음식 비평책에서 레스토랑, 음식 재료 업자, 재료 가게, 농산물간의 관계를 설명하였다. 그는 미식은 이 모든 연결 고리를 고려하여 나오는 것이라고 결론지었다. 그는 미식은 음식을 올바로 즐기는 예법에서 비롯된다고 주장하였다. 맛있는 음식을 앞에 두고, 고기를 어떻게 자르는지 혹은 채소는 어떤 식으로 나누는지 모르는 것은, 글을 못 읽는 사람이 도서관에 있는 것과 같다는 것이다.

또한 그리모도는 음식의 질적 수준을 높이기 위해 맛을 판단할 수 있는 사람들로 구성한 평가 기관을 만들어야 한다고 말했다. 미슐랭의 탄생을 예견한 것이다. 미식이 갖는 의미와 방법론에 대해 설명한 그리모드의 책은 출간 이후 4년간 2만 2000부가 팔렸다. 프랑스 문화의 특징이기도 한 음식 비평 책 출간 붐을 일으키는 데 결정적인 역할을 하였다.

마리 앙투안 카렘Marie-Antoine Careme

과자 요리사로 더 유명한 카렘은 그리모드에 이어 프랑스 음식 문화의 새로운 영역을 연 인물이다. 카렘은 특별히 미식에 관한 비평 책를 남기지는 않았다. 생전에 요리법에 관한 책을 3권 썼으며, 사망 직후인 1933년 제자가 출간한 ≪19세기의 프랑스 요리술≫이라는 책이 남아있을 뿐이다. 요리법에 관한 책만을 저술했음에도 불구하고 음식 문화의 지평을 펼친 인물로 평가하는 이유는, 카렘이 말하는 요리가 당시로서는 새로운 시대를 연 음식, 곧 '누벨 퀴진'이기 때문이다. 카렘은 책상이 아닌 주방을 기반으로 한 음식 문화를 창조했다. 그리모드가 파리의 레스토랑을 오가는 미식가 차원에서 음식 비평을 한 데 반해, 카렘은 파리에서 직접 음식을 만드는 요리사로서 음식 문화를 개척했다.

1783년 태어난 카렘은 20명 이상의 형제와 함께 살다가 10살 때 아버지에게 버림을 받았다. 가난 때문이었다. 카렘가 하류 계층 출신이라는 꼬리표는 요리에 관한 그의 생각에도 영향을 미쳤다. 카렘은 먹는 문제를 해결하기 위해 레스토랑에 급사로 들어갔다. 레스토랑에서 일하는 동안 요리 실력을 발휘하기 시작하더니, 불과 17살 때 유명 요리사로 이름을 널리 알렸다. 미술에도 조예가 깊어, 예술적 감각이 물씬 묻어나는 과자도 만들었다. 또한 수프, 생선, 육류 요리 등 모든 요리를 잘 다루는 전문가로도 널리 알려지게 되었다. 당대 최고의 요리사 대열에 오른 그는 음식 비평가로 영역을 넓혀나갔다.

그리모드가 왕정 시대의 요리를 근간으로 음식 문화를 분석하였다면 카렘은 동시대의 요리에 주목하였다. 구 체제의 음식에 무관심하고 새로운 요리에 열정을 가졌다. 궁중 요리를 단순화시킨 것이 대표적인 예다. 19세기 당시 부르주아에게 미식이란 호화찬란하던 궁중 요리를 흉내 낸 것에 불과했다. 카렘의 생각은 달랐다. 그는 우선 궁중 요리를 본뜬 8개의 만찬 코스를 4개로 대폭 줄였다. 보다 많은 사람들이 쉽게 접할 수 있도록 간단한 요리도 개발하였다. 그가 개발한 돼지고기 요리가 한 예다. 당시 돼지고기 요리는 별달리 주목을 받지 못했다. 카렘은 돼지고기 스튜야말로 노동자들의 영양 음식으로 중요하다고 여기고 갖가지 요리법을 개발하였다. 과자 또한 마찬가지 방식으로 만들었다. 쉽고 간단해야 했다. 복잡하고 기간이 길었던 길드 제도에도 반기를 들었다. 누구나 요리사가 되고 싶다면 받아들여야 하고, 여자도 요리사를 할 수 있어야 한다고 주장했다. 1833년 사망 후 카렘은 음식 문화를 철학적 차원으로 끌어올린 인물로 평가되었다.

브리야 사바랭 Brillat Savarin

"무슨 음식을 먹는지 보면, 어떤 사람인지 알 수 있다."

19세기에 활동한 미식 비평가 브리야 사바랭이 남긴 말이다. 미식가라면 누구나 알고 있는 명언이다. 사바랭은 프랑스 미식 비평의 명저로 꼽히는 ≪맛의 심리학≫을 쓴 작가다. 1826년 출간한 책 제목에서 알 수 있듯이, 그는 원래 정신병리학을 연구하던 학자였다. 사바랭의 최대 관심은 요리 자체보다 요리를 둘러싼 문화에 있었다. 그리모드가 음식을 즐기는 방법과, 나아가 요리사에게 도움이 되는 글을 쓴 데 반해, 사바랭은 음식을 둘러싼 문화에 대한 비평을 하면서 간접적인 방법으로 음식 문화를 발전시켰다. 사바란은 그리모드가 문을 열고 카렘이 철학적 차원으로까지 발전시킨 음식 문화를 정신적 차원으로까지 연결시켰다. 미식을 지적이고 사회적인 활동의 연장선에서 평가하기 시작한 것이다. 이를테면 같은 닭 요리라 하더라도 프라이드 치킨으로 먹는 사람과 집에서 시간을 갖고 요리하여 가족과 함께 즐기는 사람 간에 차이를 문화, 정치, 과학적으로 분석할 수 있다는 것이다. 또한 사바랭은 미식을 대식과 동일하게 보면서 비난하는 사람들에게 "대식은 습관적이고 열정적으로 맛을 즐기는 것이지만, 미식은 인간과 영양분에 대한 모든 것을 연구하는 것"이라고 주장하였다. 이후 미식을 죄악시하던 분위기는 완전히 사라지게 되었다.

한편 그는 미식을 즐기기 위한 방법으로 후각이나 입맛만이 아닌 지적 감각을 중시했다.

"동물은 단지 위에 음식을 집어넣을 뿐이다. 보통 인간은 입으로 먹을 뿐이다. 그러나 지적인 인간은 어떻게 먹는 것이 맛있는지를 음미하면서 먹는다."

돈을 주고 음식을 즐기는 것이 아니라, 맛있는 음식에 어울리는 수준을 알 필요가 있다는 것이다. 그는 입이 아니라 머리로 먹는 새로운 음식 문화가 필요하다고 주장했다. 아울러 '사회적 미식'의 중요성도 강조했다. '사회적 미식'이란 미식가로서의 기본이 안 된, 무례하고 무지한 부르주아를 계몽하려는 의도에서 탄생한 말이다. 미슐랭 3스타 레스토랑이 갖추어야 할 음식 맛 외의 플러스 알파가 바로 이것이다.

샤를 푸리에Charles Fourier

푸리에는 공산주의에 관심을 둔 사람이라면 누구나 아는 인물이다. 그는 공산주의가 만들어낼 유토피아를 꿈꾼 공상적 사회주의자였다. 상인의 아들로 태어났지만 장사를 죄악시하면서, 당시 파리의 골목을 서성이던 무산계급 노동자 편에서 사회를 분석했다. 이후 마르크스에게 현실성이 부족한 사회주의자로 낙인찍히게 되지만, 그는 유토피아를 만들 수 있는 키워드 중 하나로 미식을 중요한 테마로 다루었다.

푸리에는 개인과 사회를 발전시키고 그 가치를 높이기 위해서는 '즐거움과 매력'이 반드시 필요하다고 강조했다. 사랑과 미식 곧, 섹스와 음식이야말로 바로 그 길에 도달할 수 있는 중요한 요소라는 것이다. 그는 개인의 차원에 머물던 사랑과 미식을 사회적 차원으로 승화시킨 내용을 담은 ≪사랑의 신세계≫를 출간했다. 이 책은 과학적 차원의 미식, 미식을 판단할 수 있는 기준의 중요성, 미식과 폭식의 차이, 경제적 측면에서 본 미식 산업 등을 담고 있다.

그의 주장은 뒤늦게 큰 주목을 받았다. 푸리에가 사망한

지 100년 만인 1967년에 처음으로 세상에 알려졌기 때문이다. 사회적 상상력만이 개인과 사회 발전의 원동력이란 그의 사상이 많은 시간이 지났음에도 유효하다는 것이 입증된 셈이다. 또한 미식이란 사회적 화합을 위해 중요한 요소이며, 정신적인 풍요로움으로까지 이어질 수 있다는 그의 생각은 세월이 흘러도 변함없는 진리로 자리 잡을 것이다. 또한 푸리에는 예술이나 문화에서만 다루던 미식을 경제, 철학, 정치 차원으로 끌어올렸다. 미식의 학문적 기반을 마련한 셈이다. 푸리에가 프랑스 미식사에서 중요한 인물로 평가 받는 이유는 미식을 계급을 초월한, 곧 부자만이 아니라 가난한 사람들도 인간으로서 마땅히 즐겨야할 권리라는 생각을 실천으로 옮겼다는 사실 때문이다.

오노레 드 발자크 Honoré de Balzac

150편의 소설을 쓴 ≪인간 희극≫의 작가 발자크는 소설가로서만이 아니라 미식가로도 유명하다. 한꺼번에 굴을 100개나 먹고 커피도 하루에 50잔을 마시던 그는, 40세에 이르러 체중 100킬로그램의 거구가 되었다. 음식을 과도하게 섭취하여 심장 질환으로 51세에 생을 마감하였다.

19세기 당시 프랑스 문학가에게 미식은 가장 인기 있는 주제였다. 문학가라면 반드시 음식의 맛을 이해하고 분석할 줄 알아야 했다. ≪몬테크리스토 백작≫의 작가 알렉상드르 뒤마는 요리를 위한 작은 사전을 직접 제작하여 출판하기도 했다. 발자크도 문학의 소재이자 주제로 음식, 요리사, 레스토랑을 빈번히 활용했다. 발자크가 쓴 미식이나 음식에 관한 소설로 가장 유명한 것은 1846년 발표한 ≪사촌 퐁즈≫다. 선량한 늙은 음악가 퐁즈의 취미인 골동품 수집과 미식을 다룬 이야기로, 주인공 퐁즈는 골동품을 노리던 탐욕스러운 인간들에게 살해당하고 만다. 줄거리는 간단하지만, 골동품으로 상징되는 부유한 부르주아들이 즐기던 음식 문화를 다룬 장면은 흥미롭다.

미술랭을 탐하다

폴 보퀴즈에서 단지까지

1판 1쇄 찍음 2012년 3월 9일
1판 1쇄 펴냄 2012년 3월 15일

지은이 유민호

펴낸이 송영만
펴낸곳 효형출판
주소 우413-756 경기도 파주시 교하읍 문발리 파주출판도시 532-2
전화 031 955 7600
팩스 031 955 7610
웹사이트 www.hyohyung.co.kr
이메일 info@hyohyung.co.kr
등록 1994년 9월 16일 제406-2003-031호

ISBN 978-89-5872-109-3 03590

값 15,000원